U0433728

世界博物馆最新发展译丛(第二辑)　　主编◎宋娴

# 实用评估指南

## 博物馆和其他非正式教育环境的评估工具(第三版)

[美] 朱迪·戴蒙德　迈克尔·霍恩　大卫·尤塔尔◎著
邱文佳◎译　潘守永◎审校

復旦大學出版社

上海科技传播智库系列成果

## 关于作者

**朱迪·戴蒙德**（Judy Diamond），教授、生物学家、科学教育工作者，美国内布拉斯加大学州立博物馆非正式科学教育策展人。发表有关非正式学习的论文及著作四十余篇。长期在科学博物馆工作，曾担任旧金山探索馆评估员与项目协调员、圣地亚哥自然历史博物馆公共项目副主任等职。

**迈克·霍恩**（Michael Horn），美国西北大学计算机科学和教育与社会政策系联合副教授，主持有形交互设计与学习实验室。十多年来一直为博物馆和其他非正式学习环境开发基于技术的创新学习体验，发表相关论文三十余篇。作品曾在波士顿科学博物馆、加州科学院、菲尔德博物馆等单位展出。

**大卫·尤塔尔**（David Uttal），美国西北大学心理学系教授，发表论文和著作章节五十余篇。主持美国国立卫生研究院、美国国家科学基金会和美国教育科学研究所的课题，主要研究领域为儿童思维发展，尤其是符号和空间推理。

# 关于本书

博物馆和其他非正式教育机构的管理者通常需要以某种具体、可视化的方式证明机构或项目的有效性，因此进行科学性的评估尤为重要。通过评估博物馆和其他非正式教育环境，我们可以回答很多关键问题。

基于实际需求，本书讨论了在博物馆、动物园、植物园、科学中心、青少年项目中分析观众行为和学习效果的具体方法。本书分评估的设计和实施、评估工具的选用、数字媒体和其他新兴技术的作用、评估结果的展示和分享四个部分，形成一套可操作、可实行、易学习的多合一评估工具资源，尤其适用于博物馆和其他非正式教育机构工作的专业人员和相关专业的师生。

本书第三版新增了有关数字互动展览评估的全新章节。此外，评估工具中新增了关于使用视频记录的内容，评估工具的访谈部分也新增了其他国家最新的研究。

# 前言

自1999年《实用评估指南》首次出版以来，非正式科学学习领域发生了巨大的变化。我们见证了移动技术的兴起，维基百科和社交媒体的出现，以及流媒体数字视频的广泛普及。人们获得科学信息的渠道从未如此丰富。除此变化之外，过去十年经济发展常陷困境，但这些都未能阻止非正式教育机构的蓬勃发展。博物馆、科学中心、动物园、水族馆、天文馆和自然中心依然不断给公众带来快乐、振奋和启发。对创新项目和展览进行高质量的评估仍然十分重要。

顾名思义，本书旨在为学生、评估人员、研究人员和其他对非正式教育机构感兴趣的人们提供一个指导手册。此次第三版修订，我们仍努力保持内容的可及性和易操作性，但同时也扩大范围，尽量囊括非正式科学机构的评估实践中出现的新技术和新发展。我们认为，在美国国家科学基金会（The National Science Foundation，NSF）资助的评估非正式科学教育项目影响的框架发布后，非正式教育领域可能会采用更具规范性的评估方法（Friedman，2008）。事实上，这个领域已经越来越多元、包容，随着不同学科的研究人员关注到非正式科学机构，更多的创新技术、更多元的评估标准正用于项目评估。

本书由四部分构成。第一部分讨论观众学习研究的设计和实施；第二部分则更详细探讨评估工具，包括访谈、观察和问卷等；第三部分关注数字媒体互动和其他新兴技术的作用；第四部分则讨论如何针对不同的受众展示和分享评估结果。

我们三个人来自不同的学科，共同参与非正式教育机构的评估。戴蒙德（Diamond）的第一次评估研究是在加利福尼亚州的旧金山探索馆，使用她在土狼社会行为研究中运用的行为学方法研究家庭观众（Diamond，1986）。对她而言，博物馆是观察人类家庭如何在自由选择的环境中进行自然学习的理想场所，从而洞察人类社会群体与环境互动和学习的基本方式。就如其他实地调查一样，她必须对所观察到的内容保持开放的态度，尽量减少自己对参与者的影响，采用严格的数据收集方法，并在解释研究结果时保持谦逊和敬畏。从那时起她一直持续研究野生动物行为，包括一项在新西兰持续 20 年针对鹦鹉的实地研究（Diamond & Bond，1999）。

迈克尔·霍恩（Michael Horn）和大卫·尤塔尔（David Uttal）分别从计算机和心理学学科带来了新的专业知识。他们正探索多学科方式学习科学的未来，包括研究学习如何在自由环境和自愿参与的环境中发生。他们两人都是西北大学教育和社会政策学院学习科学课题组的成员，被心理学（尤塔尔）和计算机科学（霍恩）专业联合聘用。

大卫·尤塔尔的研究兴趣在于符号和空间思维的发展，包括在实验室、教室和非正式学习机构等环境中。他与凯瑟琳·哈登（Catherine Haden）一起研究儿童与父母如何在儿童博物馆里交流，这种交流又如何在馆外继续。尤塔尔在空间认知方面的研究侧重于空间思维如何影响 STEM 学习成果。他对空间思维的可塑性元分析获得了美国心理学会 2015 年乔治·米勒心理学杰出贡献奖。

迈克尔·霍恩为本书贡献了重要的部分，重点介绍在非正式环境中使用数字媒体进行评估的机会和障碍。霍恩常常用批判性的眼光思考技术在博物馆和其他非正式教育空间中的作用。他的大部分工作都可以称为“基于设计的研究”，也就是说，真正理解新技术是否适用的唯一方法就是构建工作模型，将它们投放到现实世界中，并仔细观察人们的互动。由此能带来不断的反思和修改，以此提出更进一步的思考。霍恩与波士顿科学博物馆合作，策划了一个计算机编程和机器人的展览，由此介入这个领域。观众可以使用互锁的木瓦来创建计算机程序，以控制机器人吸尘器的运动。从那时起，他已经与加州科学院、菲尔德博物馆和计算机历史博物馆等机构一起设计和研究基于技术的展览。

朱迪·戴蒙德

迈克尔·霍恩

大卫·尤塔尔

# 目录

## 第一部分　评估非正式学习

## 第二部分　评 估 工 具

## 第四部分　评估用于实践

# 第一部分
# 评估非正式学习

评估是一套方法，也是一种思维方式。理论上讲，评估的策划、设计应具有系统性、流畅性，即提出研究目的、确定评估目标和问题、选择研究方法。但在实际操作时，整个过程多有重复。评估人员需要在有限的时间和资金条件下尽可能完成预设的评估需求和目标。巴顿（Patton，1990，2008）等人已指出，做评估研究需灵活处理，没有一成不变的方法。

评估设计通常会以作者喜爱的方法展开，比如“我想与博物馆成员做一个重点小组访谈……或在当地社区做电话访谈，调查人们不去动物园的原因”。评估人员可能在过程中需要暂缓讨论研究方法，而是先鼓励受访者说出更大的问题、机构价值等。有些受访者清晰地知道他们更想回答的问题，还有些受访者则需要评估人员的进一步引导。精心设计的评估研究就如同从树干上层层剥下树皮：研究问题是整体研究设计的内核，也是获取研究所需数据的途径。阐明研究最初的问题或需求是完成整个研究的重要前提。

很难有绝对的标准来判断研究问题的好坏。就我们的经验而言，我们建议研究问题要涉及机构发展目标或价值观等至关重要的内容，同时也能转化为对该研究感兴趣的人可用的数据。在设计评估问题时，请保持开放的态度，研究中也会有意外信息出现的可能。

本书这个部分将帮助你开始进行评估研究的计划。第一章讲述评估设计指南；第二章讨论在评估非正式教育场所或项目时可能要考虑的学习成果；第三章介绍可用于非正式教育环境的学习评估策略，包括知识保留、概念变化、内隐记忆和视觉空间记忆等方法；第四章介绍如何保护研究参与者的权利和隐私。

# 第一章　全盘考虑评估研究

在博物馆、动物园、植物园或任何其他非正式的教育场所研究人群，你可以从哪里入手？展览或教育项目如何吸引观众？这些项目传达给观众怎样的信息？哪些改进能带来质的变化？谁参观展览或参与项目？目标观众是哪些，他们是否真的进馆？参观者如何分享他们的经历？博物馆经历是否会改变他们看待事物的观点？一个具体项目对参与者会产生哪些不同的影响？做评估研究能帮助回答上述问题，但每一项评估都应针对具体情况具体对待。设计评估研究都应符合被研究机构、展览或项目的具体要求。

评估研究有多种，大致可分为三类：前置性评估（front-end evaluation）、形成性评估（formative evaluation）和总结性评估（summative evaluation）。前置性评估为日后的项目规划提供背景信息（Dierking & Pollock，1998）。它可以揭示参观者已有的知识、经验和期待。前置性评估可以使用调查、访谈或观察特定行为模式等方法，也可以利用历史数据、档案资料（如照片）以及与类似机构或项目比较的内容。前置性评估的目的是在策划项目或展览之前了解观众，以更好地了解项目开发后观众的最终反应。从本质上讲，前置性评估中搜集到的观众信息可以运用到项目策划中。

形成性评估能帮助了解一个项目或展览效果如何、向目标受众传递信息效果如何，以及如何产生更好的效果（Flagg，1990；Griggs & Manning，1983；Taylor，1991）。形成性评估通常在项目制作过程中进行，评估观众对项目或展览的计划或“模型”的反应。“模型”是指展览制作过程中能表现最终展览效果的任何一个展项或说明牌等的初级版本（Oppenheimer，1986）。“模型”制作越完备，越能在形成性评估阶段获得观众对最终展览的反馈。形成性评估能在最终布展之前改进展览或项目的设计。形成性评估也可在展览刚开幕时进行，有助于排查现场问题：博物馆工作人员和设计师能利用评估信息进行简单改进以最大限度优化游客体验，也可以解决在项目或展览制作过程中无法预见的问题，如灯光、人流或指示牌等（Diamond，1991）。实际上，很多机构对于展览或项目的评估是全周期的持续、重复反馈和改进过程，因此形成性评估是一项持续不断的工作（Semper，1990）。

总结性评估尝试了解项目完成后所产生的影响，一般在展览向公众开放、完成迭代设计后开展。如果是社会教育项目，也是在项目面向公众后进行。总结性评估可以较简单，记录展览观众或项目参与公众；也可以较复杂，了解展览体验如何改变观众对于某一主题的认知。总之，总结性评估通过对现有项目的了解提高未来活动的质量。

## 一、制定评估计划

制定评估计划的第一步是确定研究主题和范围，可从以下问题入手：

- 研究目的是什么？研究结果将如何使用？研究内容将用于项目规划（前置性）、项目开发和改进（形成性）还是项目影响评估（总结性）？
- 研究受众是谁？内部评估还是外部评估？研究面向政策制定者、项目执行者、外部资金方、其他研究人员还是所有人？研究结果向谁汇报？是机构内部的人员，如管理者、教育专员、设计师、策展人、理事会成员等，还是外部成员，如社区成员、合作方、资金方、第三方顾问等？
- 谁来做这个评估调研？机构内部评估人员（如机构工作人员）、外部评估人员（第三方专业评估人员）还是当地大学、社会研究中心或教育部门的老师或学生？
- 评估工作有多少预算？成本将影响整个评估调研的规模，因此在评估一开始就应想好资金和评估规模等。
- 如何分享研究结果？写一篇正式的书面报告，或作简单的口头汇报？是否通过数字及社交媒体传播？是否计划发表期刊论文或会议论文？

厘清这些问题后，下一步是准备一份书面计划，概括说明预期工作。计划应简明易读、切合实际，不夸大研究范围。这份计划能让对该研究感兴趣的各方了解内容并提供必要反馈。以下内容可作为制定书面评估计划的指南：

- 项目描述：1—2 页，描述所要评估的机构、项目或展览，可包含简单的图表或照片。说明评估研究的总体目标和时间进度。

- 评估目标：构成本项评估研究的关键问题是什么。例如，参观者对某一展览主题的兴趣、态度或看法如何？某一学校项目在多大程度上提高了学生的批判性思维能力？为使目标明确，有时也应在计划中提及本研究不想评估的内容。
- 评估设计：用几个段落概述研究设计或总体方法。例如，研究为实验性或半实验性，旨在研究某一现象对参观者的影响；还是描述性，目的是为了更好地理解特定现象或观众？研究是否具有长期性，是否需在多个时间点从研究对象处收集数据？
- 方法：说明研究将使用哪些方法来收集数据。例如，可以说明：将观察和访谈 50 名使用某一展项的博物馆参观者，并将对 150 名某项目参与者进行电话访谈。尽可能考虑使用多种方法，以便从各个角度更详细地了解研究问题。计划中还应说明是否同时使用定性描述和定量数据。定性描述以叙述形式总结研究对象的反馈和解释，定量数据则使用统计分析呈现研究结果。
- 预期时间表：写明何时开始评估研究，何时收集数据，何时完成最终报告。时间预期要符合实际。在预估收集数据所需时间时，请考虑研究对象可能出现的每日、每周及季节性变化情况。
- 成果：比较实用的是一份简短的总结报告，并附上详尽的背景报告。很多人主要对总结报告感兴趣，但有时详尽的背景报告能为对该研究感兴趣的人提供有效信息。

在撰写评估计划时要注意，阅读计划的人群可能比预期的更广泛。因此，要尝试使用平实的语言并解释术语。比如，“半实验性”可能不是每个人都熟悉的词语。

评估人员有时使用“逻辑模型”（logic models）作为计划和评估非正式学习项目的工具。逻辑模型是项目目标、活动和预期成果之间联系的直观描述，通常是矩阵形式（更多例子可见于W. K. Kellogg Foundation，2004；National Science Foundation，2010）。逻辑模型有助于阐明项目目的，可以作为工作路线图帮助参与人员了解项目进展方向和具体进展内容。对于评估人员，逻辑模型可确保项目结果从一开始就清晰阐明，并与所进行的项目活动充分契合（见图 1.1）。现在，一些资助机构要求赠款提案中应包含逻辑模型，许多评估人员也将逻辑模型纳入他们的研究计划和设计中。

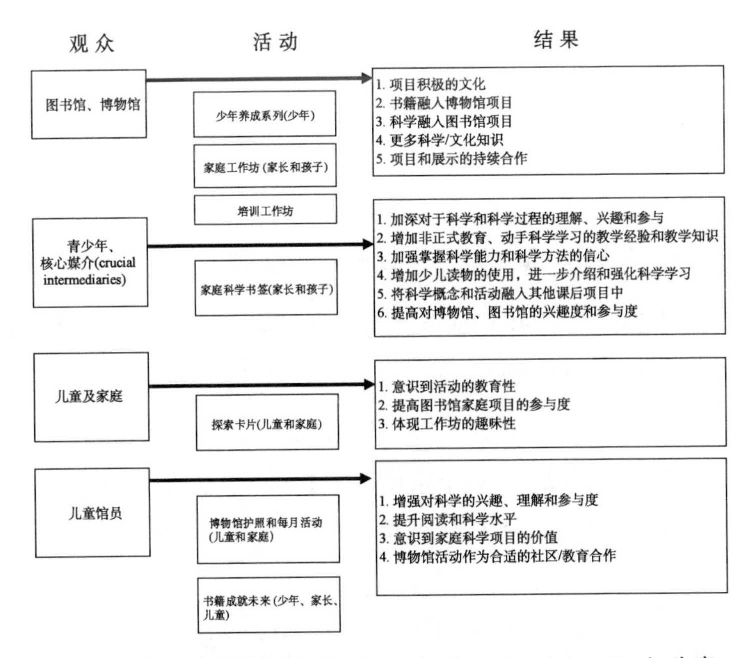


**图 1.1 学习创新研究所（Institute for Learning Innovation）为富兰克林科学博物馆 LEAP into Science 项目设计的逻辑模型**

（来源：富兰克林科学研究所和学习创新研究所）

评估计划制定后应与多方分享，让他们参与讨论关键目标、设计和方法，鼓励各方提供反馈。评估计划并非固定不变，而是一份工作文档，它随着员工和社区成员的多方反馈和各方思考而不断更新、发展。

## 二、评估环境

无论是评估机构还是参与研究的评估对象，评估总是在一定的社会、文化、历史和政治背景下进行。考虑到这一点，评估人员需要充分了解他们所在的环境，包括其复杂性和细微性：

> 评估反馈性的一个指标……是评估人员对于文化等相关背景因素的认可，并将其纳入实践中。背景因素包括文化中许多显性内容，包括人口统计数据和社会经济因素等，但也包括一些隐性的议题，比如权力、种族主义和社会正义。(SenGupta，Hopson，& Thompson-Robinson，2004，p. 11)

学者们已经运用了很多进行文化反馈评估的策略（Jolly，2002；National Science Foundation，2000，2002）。这里的文化不仅指种族背景，还指代具体的身份信息，如年龄、性别、性取向、社会经济状况等。以下策略有助于设计一个对相关信息有敏感度、适合多样群体的评估研究：

- 对评估对象的需求和权利保持一定的敏感度，确保研究不会影响他们在博物馆参观的综合体验。参观者有选择不参加评估的权利。

- 确保评估问题的合适性。在具有一定文化背景影响的研究中，评估问题不能仅由评估人员制定，而应采纳与研究目标受众有紧密联系人员的意见。
- 不要对研究所处的文化环境作任何假设。据弗赖尔森、胡德和休斯（Frierson，Hood，& Hughes，2002）的观点，保持对评估对象信仰、价值观和观察世界方式等方面的敏感度会提高研究对相关环境的反馈性。要意识到所有进行评估的人员（从设计到收集和阐释数据）也都带来了某种特定的“世界观”或一种观察和解释世界的方式，这可能与研究对象的世界观并不相同。
- 注意机构价值观。博物馆具有隐性的文化，每种文化都有其特定的价值观和工作方式。在评估博物馆项目和展览时，要注意语言和事件过程。语言通常暗示机构与社区之间的关系及其所体现的价值观。
- 不要假设某一文化群体的所有成员都以相同的方式思考、感受和看待世界。虽然同一群体中的个体有某些相似之处，但不同个体对博物馆展览或项目可能会有不同的感受。老年人与年轻人的反馈可能就很不一致。性别、性取向、年龄、宗教信仰和生活经历等都会导致个体反应多样化。因此，评估要寻求并鼓励多样化观点。
- 尝试使用“文化向导”（cultural guides），这些人可以轻松地在两种及以上的文化中生活，能指导你了解特定文化环境中的语言和习俗，在该文化和社区中获得沟通的机会、信任和尊重。与局外人短时间内获得的知识相比，他们可以提供对特定文化更深刻的理解，同时还能帮助评估人员了解当地社区的历史、经验、对待评估的态度等，这些都可能影响人们对研究的反馈。

- 考虑采用参与式或协作式评估方法。这就需要社区深度介入评估项目，社区成员参与形成评估问题，思考在特定文化背景下回答这些问题的最佳方法以及数据阐释的方式。

# 第二章　非 正 式 学 习

许多评估研究将涉及人们在非正式环境中的学习方式。过去二十年以来，我们对博物馆、动物园、水族馆和自然中心等如何影响人们的生活有了逐步深入的了解，从而越来越意识到校外学习的复杂性。本章将介绍非正式学习的方法，并重点解释评估人员在非正式学习环境中涉及的关键特征和结果。

## 一、定义“非正式学习”

非正式学习、校外学习、广泛影响、不正式学习、自由选择学习等多种术语可用来描述在博物馆、动物园、植物园、水族馆和自然中心等进行的学习（Falk，2001）。虽然词语不同，但所有这些术语的共同点是强调在正规教育系统之外进行的学习。在这种学习中，学习者对自己的经历有选择权和控制权。从广义上讲，非正式学习具有以下特征（National Research Council，2009）：

- 自愿性（没有人被强制学习）。
- 学习者自我驱动、自我指导，并受到内在兴趣、好奇心和探索欲的引导。

- 非线性、开放式。
- 与学校有成绩和测验不同，非正式学习没有针对学习效果的考核。
- 能发生在多种环境和境况中，包括博物馆、动物园、植物园、自然中心和水族馆等机构，露营、集市、节日、俱乐部等活动，以及操场、公园、街角等不同场所。
- 无处不在且持续不断。可以发生在无数地方，可以发生在一天中的某个时间点，也可以发生在一生中的任何时间点。可以是瞬时的，也可以是贯穿一生的。
- 通常在某一社会环境中发生。人们与朋友、家人甚至陌生人一起进行非正式学习（见图 2.1）。

**图 2.1　社交互动——旧金山加利福尼亚科学院“生命之树”展览**

加州旧金山探索馆的创始人弗兰克·奥本海默（Frank Oppenheimer）曾指出，非正式学习通常不会授予学位或技能认定；不需要基础条件，不会毕业，更不会“挂科”：

> 博物馆是一个巨大的资源库，供人们探索与发现；博物馆也是一个解压场所，能缓解任何在学校学习的痛苦。博物馆学习没人会“失败”。一个博物馆学习并不是下一个博物馆学习的先决条件。(Oppenheimer & Cole 1974，p. 8)

非正式学习和正式学习之间的区别可能非常细微。有时学校组织在博物馆或动物园上课，课程是强制性或结构化的，有课程要求和成绩打分。越来越多的非正式学习机构的项目与学校相结合（Hofstein & Rosenfeld，1996），甚至有些博物馆会开展公立学校的某些项目，学生需同时参加学校和博物馆的活动。因此，有很多不同层次的活动结合了博物馆与学校或动物园与学校。例如，内布拉斯加州的林肯儿童动物园与当地公立高中区合作，开发了为期四年的科学重点课程，作为常规高中课程的一种替代方案。位于加利福尼亚圣地亚哥巴尔博亚公园的各个博物馆合作组织了“公园学校”项目，市内学校需在 10 个非正式教育机构进行为期一周的课程，共计 1—2 个月。正式教育与非正式教育的融合可以增加学生的学习动力，拓展学习认知，并帮助学生发展新技能（Fallik，Rosenfeld，& Eylon，2013；Semper，1990）。非正式教育可使师生关系更为灵活，从等级关系转变为互相指导的关系。

非正式学习为终身学习做好准备：人们将学习作为日常生活的一部分，并坚信学习需要主动性，任何人都能参与。非正式学习能增强学习的纯粹性，提醒我们学习有趣又开心。

## 二、非正式学习的特点

非正式学习有主观化、个性化的特点。人们可以自由选择是否参观非正式教育机构、何时去、如何参观展览和参与项目等。每个参观者都有独特的个人经历，受一系列情感、社会、文化和生物学因素的影响。因此，评估要考虑到个人的日程安排以及参观者在博物馆中构建自身意义的方式。

非正式学习通常是在家人或朋友的陪伴下进行的一种深度社交体验。例如，成人和儿童都有社交的需求，这会导致花更多时间看展览、有更深入的体验（Diamond，Smith，& Bond，1988；Zimmerman，Reeve，& Bell，2010）。非正式学习也提供了向他人学习的机会。在博物馆的交互式展览中，观察他人的体验与自己直接参与操作一样引人入胜（Diamond，1986；Tare et al.，2011）。非正式学习还涉及教学，小组成员可指导和加强彼此的注意力和行动。戴蒙德（Diamond，1980）和迪克林（Dierking，1987）的研究表明，在参观博物馆的家庭中，教与学是相互的，孩子可能会教大人，反之亦然。以往的研究已经表明对话在博物馆学习中占重要作用，组内成员分享观点、互相提问、共同理解参观的意义（Allen，2002；Leinhardt，Crowley，& Knutson，2002；Tare et al.，2011）。

构成社会环境的一个重要因素是“玩”——单人游戏或群体游戏。博物馆、动物园和公园要鼓励“玩”。能在展览中玩起来的参观者通常会花更多的时间看展，并以意想不到的方式与展览互动，从而可以更全面地了解展览（Diamond，1996；Lucas & McManus，1986）。游戏也可以是非正式教学过程中的一部分。在探索馆中，青少年讲解员不仅将游戏作为一种娱乐手段，还将其作为向公众展示展品的方式（Diamond et al.，1987；Singer & Golinkoff，2006）。

奥本海默多年前曾指出，玩乐和探索是体验非正式环境的个性化手段：

> 儿童游戏的很大一部分是使用基本的物理和文化知识，但却在一个脱离使用知识的环境中。通过这种富有创造力和重复性的游戏，他们学会与世界和谐共处的方式。这样的方式也使展品变得有趣……在一些用于玩乐的展览中，展项使用的道具脱离了他们一贯的使用环境，因此参观者能从中发现很多可爱有趣的点。（Oppenheimer，1972，p. 982）

非正式学习通常跨越时空，会连接起之前的若干思考点（Falk，2004），是累积和迭代且持续终生的过程，而不是一个单一的事件。很多研究和评估人员已经建议增加评估时间范围，以了解参观者如何将博物馆参观融入他们一生中。

研究发现，学习者的先验知识和观念会塑造其对新知识的理解。先验知识可能会混淆新想法的准确性（Davis，Horn，& Sherin，2013）。人们普遍认为，先验知识会影响学习，学习者会根据先验知识构建概念。学习过程优先来源于先验知识，其次来源于看展或项目参与。先验知识影响人们从经历中的习得内容，既可以干扰学习，也可以促进学习。勒舍尔（Roschelle，1995）称之为“连续性悖论”（paradox of continuity），并为展览交互体验提出了一些指导意见：

> 首先，交互体验展项的设计者应寻求完善先验知识，而不是用自己的知识代替参观者本身已有的理解。其次，设计者必须预想一个长期的学习过程，短期经验在其中逐渐累积。最后，设计者必须明白：学习建立在互动上，对话决定

了学习者构建概念的形式和内容。只有一部分专业知识可以作为信息明确地展示，其余的必须来自社区活动的互动。(Roschelle，1995，p. 40)

## 三、非正式学习的结果

参观非正式学习的场所会产生多种结果。博物馆、动物园、植物园、水族馆和自然中心等是促进个人日常学习的重要场所，因此评估非正式学习的结果远非测试参观者学到多少知识那么简单。

美国国家研究委员会（The National Research Council，2009）和弗里德曼（Friedman，2008）为非正式学习的结果提供了以下框架：

- 意识或知识：人们从非正式教育机构学到的东西大多与对特定现象的认识、知识或理解有关。非正式学习经历可使人们习得一些内隐知识，从而导致观念变化。
- 参与度或兴趣度：非正式学习环境有助于人们对某个主题或活动产生兴趣，这又会反向激发学习的热情和动力。美国国家研究委员会认为，与兴趣相关的情绪是促进思考和学习的主要因素，不仅有助于学习，还能影响记住的内容和记忆的时间。也就是说，对事物的感兴趣程度会影响我们的学习方式，而非正式学习机构正是产生兴趣的好地方。
- 态度：在非正式教育环境中学习会导致对特定现象、主题或活动的长期看法发生变化。比如，针对博物馆少年项目影响的研究发现，持续参与这些项目不仅可以增加青少年的自信和自尊，还能增加未来的学业和职业机会(Diamond et al.，1987；Luke et al.，2007)。

- 行为和技能：非正式学习经历会改变参观者的行为和思维，人们可以提出问题、探索想法、实验应用、作出假设、得出结论、论证想法等。在一项探究多次参观对小学生影响的研究中，研究人员发现，参与研究的学生表现出了更强的批判性思维能力，包括找到论据阐释艺术作品的能力等（Adams，Foutz，Luke，& Stein，2005)。

除这些结果外，美国国家研究委员会还强调博物馆可以帮助学习者身份的形成（另可见 Falk，2006)。例如，参观者会把自己视为科学学习者，能了解、使用甚至有助于科学发展的人员。人们也会反思自己的学习过程和需求，并将自己视为学习者。

评估人员在非正式教育的环境中工作需意识到，人们通常和其他人一起参观，整个经历既保持个性又能在某一群体环境中进行。产生的结果可能包括习得内隐知识、对某个主题产生兴趣、思考学习者的身份认知等。

# 第三章　衡量学习效果

非正式教育经历多种多样，而且通常无法预测。参观者花时间观察、阅读、玩耍、进行社交互动，有时也会照顾个人需求，并经常与周围环境互动。他们观察展品、其他参观者的行为、工作人员的演示和其他形式的展示。他们通过操作展品、在空间上移动、玩游戏以及与其他人社交的方式来与环境互动。他们用智能手机和其他设备来拍照，运用社交媒体与在或不在博物馆的亲朋好友交流。他们有时还会阅读指南、标签、标志或者小册子，甚至是随身携带的书籍。

在非正式环境中学习的复杂性和多样性要求评估人员认真设计和应用合适的学习效果评估方式。没有一种方式在所有情况下都完美适用。研究设计通常需要权衡。例如，为了使研究与博物馆学习更相关，在寻找理想对照组时，可能不得不做出让步。本章的目的是提供各种研究技术的工具包，以衡量学习效果，并帮助你针对不同的问题找到最合适的工具。

为什么我们需要严谨的研究方法来衡量学习效果？我们难道不能直接询问参观者他们学到了什么吗？例如，我们可以在参观者离开博物馆时，对他们进行一次调查，要求他们对这次参观中学到的知识进行评分。研究人员将这类评估称为自我报告评估，因为参观者报告的是对学习的自我评估。尽管自我报告评估可能会有所帮助，但它很少被作为学习效果的唯一评估方法，原因是人们通常很难准确地评估自己学到多少知识（Bjork & Linn，2006）。例如，当人们在享受博物馆参观时，他们通常会认为自己学到了很多东西，但事实可能并非如此。因此，要避免仅仅依靠自我报告评估来了解参观者学到了什么或者学到了多少知识。

## 一、评估知识记忆

一种相对简单的学习方式是信息记忆。例如，我们可能想要确定参观者是否记住了恐龙或者太阳系行星的名字。如果我们的目标是评估这种事实性的学习，那么我们可以使用“回忆”（recall）和“识别”（recognize）的方法。“回忆”是智力竞赛节目中使用的记忆能力，参赛者只能得到最低限度的提示信息，他必须根据该提示找出正确的词语或概念。这里的记忆类似于在考试中做填空题所需要的记忆。相反，“识别”在提示信息的检索中发挥作用，例如在选择测试中所要求的。换句话说，你只需要从选项列表中识别出正确答案即可。这就是现代计算机系统使用菜单栏的原因。当你面对一个简短的选择列表时，记住你想做什么要容易得多。

在非正式的学习环境中，当参观者接触到大量不同类型的信息时，记忆测试就相对困难了。参观者通常在博物馆里漫步，自己决定需要关注什么。正如前文提到的，奥本海默（Oppenheimer，1972）把这比作观光，游客参观一个复杂的环境并选择自己感兴趣的项目。除非通过重塑学习经历改变非正式学习的性质，否则没有理由期望一个参观者能够回忆起特定的信息。只有少数条件能使记忆评估成为适合非正式学习环境评估的方法（Loftus，Levidow，& Duening，1992；MacManus，1993）。例如，你可能希望在以下情况中观众有较强的记忆力：

- 评估人员观察到参观者与特定展品的互动，参与者可以正确地操作展品，大声阅读展项说明，或者针对说明内容发表特定评论。
- 参与者是博物馆工作人员或志愿者，他们接受过专门的培训，通过提供强调展览内容的参观或活动来帮助公众理解展览。
- 评估人员设置一个实验，要求参观者阅读展项说明或与展品互动，然后询问其含义。

克莱因（Klein，1981）提出，信息识别是一种比较灵敏的评估知识记忆的方法，也较容易获得。在非正式学习环境中，信息识别更容易衡量，尽管它存在局限性。一方面，参观者将他们在博物馆、动物园或者水族馆搜集的大量信息以视觉图像的形式存储。因此，最有效的识别测试是以视觉为基础的，测试参观者在参观过程中记住了哪些看到的内容。另一方面，在展品说明中以文字形式展现的信息可能只被有限的观众获取。例如，在家庭团体中，成年人阅读展品说明的现象更为常见（Diamond，1980，1986；Ellenbogen，Luke，& Dierking，2004；McManus，1989a，1989b）。这些展品说明经常被大声念给其他成员听，尤其是年幼儿童，结果这些成员通常是听到展品说明，而不是阅读它们（Ash，2004；Borun，Chambers，& Cleghorn，1996；Crowley et al., 2001）。因此，对文字信息进行识别测试的最佳方式是将它们念给参与者听。在非正式学习环境中，需要阅读的识别测试是对年幼儿童研究的次要方式。

问题可以被设计成“回忆类”或“识别类”。回忆评估需要参与者提供特定的信息。识别评估可以使用选择题，但要确保参与者理解答案选项中的词语。下面的例子演示了如何设置回忆类或者识别类的问题。

回忆类的评估问题：

什么是恐龙？________________________________

恐龙是________________________________

“恐龙”的定义是________________________________

识别类的评估问题：

以下对于恐龙的哪些描述是正确的？

1. 爬行动物
2. 灭绝的
3. 一种动物
4. 两栖动物
5. 如今还存活的

另一种可能的手段是把不同类型的动物图片或者模型给参与者看，要求他们将其分类为恐龙和非恐龙。在参与者告诉你哪些图片或模型是恐龙之后，通过询问“为什么”，将有助于理解回答者的答案。

如果选择题的选项过于明显或简单，则参与者无需博物馆或动物园的经历就能找到答案。如果选项过于详细或困难，则没有多少非正式学习经历可以帮助到参与者。选项的设置需要符合机构的类型和被测试观众的年龄水平。

> 用选择题作为评估方式，最难的部分是设置恰当的选项。通常正确答案很容易被猜出，因为干扰项明显是错误的……可以尝试将初始设置的选项给一部分抽样参与者测试。（Miles et al.，1988，p. 163）

## 二、评估内隐记忆

并不是所有的学习都涉及我们可以描述的信息。例如，思考一下孩子在学骑自行车时获得了什么知识。这一过程发生了相当多的学习经历：孩子需要感受运动和平衡之间的关系，何时以及如何踩踏板加速和踩刹车减速，如何在转弯时使用车把。在直觉和无意识的层面上，孩子实际上是在学习一些重要的力学原理，如扭矩和传动比。但是，这些信息很少能被明确地教授，部分原因是潜在的老师没有有意识地获取这些知识。父母或兄弟姐妹可能会给孩子一些建议，但都无法代替他本人知道如何移动和保持平衡的感觉。同样，想象一下教别人开车有多难。有经验的司机确切地知道何时及如何调整速度、转弯或刹车，但这些知识并不容易描述。

认知科学家将这类知识称为“内隐记忆”（implicit memory）（Roediger，1990），内隐记忆是指那些我们在意识层面不一定完全清楚是什么内容的知识。我们常常没有意识到我们学到了什么。例如在前面的例子中，孩子无法描述甚至可能都没有意识到他在学骑自行车过程中掌握的平衡、力和扭矩之间的复杂原理。但显然他学到了一些重要的东西。即使是严重的健忘症患者（失去了学习新知识或其他显性知识能力的人），往往也具有内隐记忆。

内隐记忆很可能在博物馆经历中扮演着重要的角色。例如，一个参观科学博物馆的孩子可能会学到机器的工作原理，但他可能无法标记出机器的各个部件，或说明齿轮是如何工作的。尽管如此，孩子可能已经获得了很多信息，可以指导未来的学习和博物馆参观。例如，孩子现在可以更好地了解相关的机器，注意力可能会被吸引到类似的展览上。因此，最初的学习在某种程度上是内隐的，因为孩子没有意识到学到了什么。参观者在非正式机构学到的很多东西可能也是内隐的。

评估和研究内隐性学习存在一个特殊的挑战：内隐这一事实意味着，我们不能简单地询问人们的内隐知识。但是，有一些巧妙的方法可以研究内隐记忆。一种是所谓的"启动效应"(priming)（Tulving & Schacter，1990）。这种方法基于一个简单的想法：我们已掌握的内容会影响我们学习或解释新信息的方式。"启动效应"方法包括让参与者对信息作出判断，并评估他们之前所学的知识是否会影响这些判断的速度或准确性。评估人员展示能够引起联想的词语或图片。例如，评估人员可能先展示一张桌子的图片，要求参与者作一个简单的判断，判断后续展示的图片主题是否为一件家具。此时参与者可能会更快地对有椅子的图片作出判断，而不是沙发或床。判断的速度受到已知的桌椅关系的影响，虽然参与者没有意识到这种知识正在影响他的判断。在这里，重要的是证明参与者的判断受到已知的桌椅关系的影响，即使参与者可能没有意识到这种关系会影响他的判断。

类似的方法也可应用于非正式学习的研究。例如，提及之前的一个展览会对观众观看新展览产生影响吗？如果是这样，就证明内隐学习已经发生，先前的展览影响了他们对新展览的态度。此外，我们可以更详细、更具体地分析前展览的哪些因素影响了新展览的学习。例如，我们可以只展示前展览的部分照片，以确定前展览的哪些方面导致了最内隐性的学习。

总之，我们知道的很多东西是内隐的——我们并没有意识到我们知道。内隐知识在非正式学习中尤为重要，评估内隐知识是评估人员的一项重要技能。

## 三、评估概念转变

非正式学习可以远远超出对事实和内隐知识的简单获取。博物馆的设计者有时希望给参观者带来更深刻、更实质性的变化，改变他们对知识的看法。博物馆的设计者可能希望帮助参观者了解物质的分子基础，或者了解遗传变异在自然选择和进化中的作用。学生们了解到物质是由微小粒子组成的，物质的结构由这些粒子的性质和表现决定，最终他们会对固体、液体和气体的看法发生根本性的改变，可以用这些不可观测但极为重要的东西来解释物理现象。因此，了解这些信息之后，他们可以学习到一套关于物质属性的不同概念或理论。这种知识转换不太容易用一组简单的事实来描述，因此也不容易用知识记忆来评估。相反，认知科学家把这种知识的获得称为“概念转变”（conceptual change）。概念转变是许多科学学习、科学发现和认知发展的核心（Carey，1997），所以有效的博物馆设计通常会考虑到如何引起概念转变。

概念转变的设计存在如何被评估的问题。我们如何知道什么时候发生了概念转变？仅仅要求参观者回忆事实或者解释概念通常是不够的。相反，我们需要提出探索性的问题，要求参与者运用他的概念知识。一个经典的方法是“临床访谈”（clinical interview）。

## 临床访谈

临床访谈对于评估概念和概念转变很有用。瑞士生物学家和发展心理学家让·皮亚杰（Jean Piaget）详细描述了内部心理过程如何随个人对世界的体验而改变（Piaget，1973；Piaget & Inhelder，1969）。他认为学习是通过与新经验相关的图式（schemata）发展而产生的。皮亚杰开创了一种访谈形式，称为“基于任务的临床访谈”（task-based clinical interview）。在这种访谈中，参与者与某物体产生互动，访谈者询问参与者对该物体的认知。在此过程中，访谈者基于参与者自己的方式，通过一系列的活动或问题来引导参与者。阿克曼（Ackerman，1988）强调，研究人员不应试图将正确答案提供给参与者，也不应该拿参与者的表现与他人进行比较。目的不是去判断参与者与人交流或解决问题正确与否：

> 目的是……揭示孩子逻辑推理的独创性，严谨描述其连贯性，并在各种环境中探索其生命力或脆弱性。（Ackerman，

1988，p. 10）

埃尔莎·费埃尔（Elsa Feher）利用这种访谈技巧，考察了儿童在科学中心理解概念的方式（Feher，1990；Feher & Meyer，1992）：

> 访谈人员就像该领域的人类学家一样，在选定的展览现场进行少量的深入访谈。当一个孩子走近并观看该展览时，访谈人员使用预先准备的一套问题与孩子展开对话。这套问题从大量的前期测试访谈中改进而来，以确保合适的措辞、内容和问题顺序，以便获取最可靠的信息。这些问题要求受访者对在展览中执行指定任务时出现的现象进行预测和解释，例如："如果你这样做，会发生什么？""你如何解释发生了什么？你能画出来吗？"研究人员收集的这些直觉反应并不只是孩子们为了解释一个孤立事件而提出的临时假设。它们能构成完整的思维模型，能够对多个不同的任务进行一致的预测。（Feher，1990，p. 37）

为了获得阿克曼（Ackerman，1988）所称的"深层理论"（deep theories），评估人员改变了环境的约束条件，然后请参与者进行猜测（如：问他会发生什么）。要求参与者先用不同的方式来猜测，然后通过实验来验证（如：让我们试试……）。参与者先解释为什么某个猜测被证实了或未被证实（如：到底发生了什么？之前有没有预料到？），然后提出相反的假设。有时，也可以要求孩子将他的观点解释给另一个孩子听。

费埃尔和迈耶（Feher & Meyer，1992）用一个关于光的展览来分析儿童对于颜色理论的理解。其中一个展项名为"路灯"，由不同类型的街道照明灯组成，包括低压钠灯和白炽灯。参观者可以拿起彩色的物体，在灯光下行走，并观察物体表面颜色的变化。因为钠灯只发出黄色的光，所以把物体放在灯下，如果物体反射黄色的光，就会呈现黄色；如果物体吸收黄色的光，就会呈现黑色。另一个展项，叫作“基色光”，由一个小的暗室组成，里面有红、绿、蓝三种颜色的灯，对面是一个大的白色屏幕。参观者可以独立控制三种灯的开关，然后观察以不同方式混合出的彩色光效果。

费埃尔和迈耶首先让8—13岁的孩子通过衍射光栅观察白光，然后观察钠光。接着要求他们在白光下观察面板上图片的颜色，并预测它们在钠灯下的样子。最后，要求他们拿起蜡笔，用不同的颜色写下自己的名字，然后预测在两种不同的灯光下他们的名字会是什么样子。

评估人员通过一系列的问题，询问孩子们的预测，然后让他们在展览中进行验证，如果结果与孩子们的预测不符，则请他们尝试解释说明。正是这些解释说明为理解孩子对事物运作的基本理解和心理规则提供了素材（见表3.1）。这样，临床访谈法与互动展览相结合，就成为了解人们在非正式教育环境下思考方式的有力工具。吉等人（Jee et al.，2015）采用类似的方法进行临床访谈，比较了学生、教师和病毒学家对病毒和传染病的理解。

**表3.1　临床访谈的结果（用以评估孩子对鲁本舰队空间剧院和科学中心展览的理解）**

| 类型 | 反馈（*n*=34） | 概率 |
| --- | --- | --- |
| 影子是黑色的 | “光打在它（球）上，影子打在屏幕上，它就黑了。”<br>“当光打在球上时，它（光线）不会产生任何颜色，是球产生了影子。”<br>“球挡住了光，它不再是红色，影子会投到墙上。”<br>“它会变黑，因为它（球）挡住了光。” | 59% |

（续表）

| 类型 | 反馈（$n=34$） | 概率 |
|---|---|---|
| 影子是光的颜色 | “光是红色的，它射到球上并弹开。”<br>“红光下，影子是红色的，当你在外面时，影子看起来是黑的是因为阳光代替红光照射在上面。” | 35% |
| 影子是物体的颜色 | “绿色，因为网球是绿色的。” | 6% |

注：年龄在8—13岁的儿童接受关于“基色光”展项的测试。“基色光”展项是一间小的暗室，有红、绿、蓝三种颜色的灯光，对面是一个大的白色屏幕。当用网球挡住不同光线时，让孩子们解释可能会产生的不同效果。比如这样问孩子：“把这个球放在这里（光线和屏幕之间）。如果打开这个红灯，你会在屏幕上看到什么？”这个表格记录了参与者预测结果的概率（Feher & Meyer，1992，p. 514），经约翰·威利父子出版公司（John Wiley & Sons，Inc.）授权转载。

## 对进化论理解的概念转变

埃文斯（Evans）和她的同事研究了“探索进化”展览如何影响参观者的理解模式（Diamond & Evans，2007；Diamond，Evans，& Spiegel，2012）。他们调查了参观者在参观“探索进化”展览之前、期间和之后对进化论的理解模式（见图 3.1）。展览和相关的教育材料是激发人们思维模式的手段，之后成为概念转变的研究证据。

为了了解参观者在观看展览之前的理解模式，埃文斯注重常规解释或直觉理论，主要基于人们对于世界的日常理解。她首先向自然历史博物馆的成人参观者提出了一些关于进化论的开放性问题，这些问题在展览中有所涉及（Evans et al.，2009；Spiegel et al.，2012）。然后，她和同事们从进化论、神创论和直觉推理模式的角度，将参观者的反应编码成不同的行为模式。从 32 位成年参观者的回答中，识别出了超过 600 种不同的编码。

根据他们的回答，参观者被分为三种类型的推理模式。使用

**图 3.1　一名儿童在“探索进化”展览上测量加拉帕戈斯群岛中型地雀的喙，以观察它们的大小变化**

直觉推理的参观者被归类为“初级自然推理”（novice naturalistic reasoning）（见表 3.2）；虽然不是专家，但对达尔文进化论有基本了解的参观者被归类为“知情自然推理”（informed naturalistic reasoning）；引用超自然解释的参观者被归类为“神创论推理”（creationist reasoning）。这三种推理模式都包含一些相应的特征概念。例如，使用知情自然推理模式的参观者可能会参考一个或多个进化原则，如变异、遗传、选择和年代等为展览提供概念框架的原则（见图 3.2）。

埃文斯及其同事通过分析参观者的回答，设计了一份用来评估概念转变的问卷。共招募 62 名人员（含成人和青少年）参观一个特定展览。在参观之前，以问卷形式让参观者回答 4 个问题（一共设计有 7 个问题）。参观结束后，询问所有 7 个问题，另有 3 个开放性问题，还有涉及宗教信仰、对进化论的态度，以及展览兴趣等个人背景信息。

**表 3.2　埃文斯及其同事向参观者提出问题，以判断他们对进化论的推理模式（Evans et al., 2009）**

| 果蝇问题：<br>科学家们认为大约800万年前，一对果蝇成功登陆夏威夷的一个小岛。在那之前，夏威夷没有果蝇。现在科学家们发现在夏威夷有800种不同种类的果蝇。该如何解释这个情况？ | **知情自然推理**<br>在这个例子中，参观者引用了几个进化的概念（他们显然不是专家）：<br>“是进化的结果。在某些时候，突变是自然发生的。嗯……繁殖。那些突变，如果它们适应了那个环境，它们就会进一步复制，如果它们不适应，突变就会停止——那些果蝇就会死亡。这就解释了多样性。”<br>**初级自然推理**<br>在这个例子中，参观者使用了直觉模式的推理，这表明他没有把这个问题概念化为进化：<br>“显然是人们把果蝇带进来了。可能是夏威夷都乐种植园（Dole）的人带进来的。”<br>**神创论推理**<br>这名参观者援引了超自然的观点解释，表明上帝在物种起源中的作用：<br>“首先，我对你的800万年有个问题。我相信《圣经》中的创世论，这是我的信仰。上帝创造了他们，大洪水形成了多样性，这是我的解释……我相信上帝创造了一对人，一男一女，这是多样性的基础。所以我猜在洪水时期，大陆解体，即使只有很少的东西得以幸存，他们依然保留着多样性的基因，变成任何东西，例如，像狗，或者其他我们见到的东西。这有帮助吗？这只是神创论的观点。” |
|---|---|

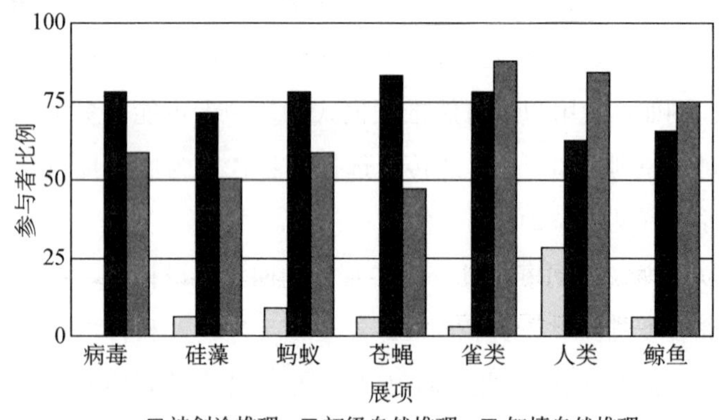


**图 3.2　埃文斯等（Evans et al., 2009）的一个例子，展示了在一个进化展览中，不同参观者的推理模式如何因七种不同的生物而变化**

研究得出了哪些结论？参观“探索进化”展览提高了参观者解释进化问题的能力，而且这种改变在所有参观者身上都有体现（Evans et al.，2009）。参观者还认识到，进化的发生与生物体的种类无关。展览中对七种不同生物的进化研究，可以帮助参观者理解进化存在于所有生物中。

## 四、任务分析和思考记录

有时让参与者准确回忆一下他们完成一项任务或参与一项活动很有用。获取这类信息并不简单，因为很多人并不知道如何记住先前任务或活动的很多细节。此外，在被问及他们是否学习或如何学习时，通常会有大量的偏见性内容存在。

针对某项任务中涉及的认知过程，研究人员已经使用“任务分析”（task analysis）作为收集信息的方法。这种方法涉及信息处理心理学，其目的是了解人们在执行复杂任务时的想法。通过一系列访谈，对参与者的思维过程系统建模，记录步骤、顺序及所犯的错误。模型及最终的思考步骤能在计算机程序中复制出来。

根据拉金和雷纳德（Larkin & Rainard，1984）的观点，开始时要求参与者完成一项任务并大声说出所有的思考内容。这些内容被录音并转录为正式记录，称为“记录”（protocol）。

记录只是参与者一系列口头表述，既不是他思想的完整记录，也不能用来解释他的具体行为。他无法说出头脑中的所有想法，记录内容也很少显示他为何执行某操作。记录只是显示了参与者在持续性思考。研究者要从记录推断出更完

整的问题解决模型。(Larkin & Rainard, 1984, p. 236)

记录完成后，下一步就是建立目标任务的流程模型。流程模型包括参与者对问题的认知、解决该问题的规则，以及将规则适用条件和问题匹配起来的“解释器”（interpreter）。解释器产生一系列条件—动作规则以构建问题。每条规则描述一个行为，及其相适配的条件。在问题呈现中，每一个动作都是变化的。当这些条件—动作规则写入计算机程序后，它就成为测试问题的一种方法。该计算机程序会验证条件—动作规则是否足以解决目标问题。这样，拉金和雷纳德将模型解决方案与人工解决方案进行比较，来判断模型方案是否能准确描述人工方案。拉金（Larkin, 1989）使用任务分析方法给参与者解决日常生活中的问题进行建模。在另一项研究中，她对制作一杯咖啡的认知过程进行了建模。再简单的任务都比人们预期的要复杂得多。

对于非正式教育环境而言，完成任务或解决问题的一份详细记录会非常有用。博物馆经常有文字提示指导观众完成一项任务，然后观察相应变化。看似是一系列简单动作，但实际情况可能并非如此，而任务分析能提供所需步骤的准确描述。拉金和雷纳德强调信息处理心理学在某些点上非常有用，不仅关注个人是否能完成某项任务，还有如何完成任务。在博物馆、公园或动物园中，如果工作人员付出了很大努力，却发现游客仍然难以理解某项任务，这类研究便能帮助其找出其中的原因。

## 五、评估视觉-空间记忆

并不是人们脑海中的所有信息都能编码为单词，认知图

(cognitive maps) 就是人的大脑储存视觉信息的方式。记忆中储存的照片并不一定是正确的照片，但它能指导人们如何在环境中移动，如何选择新刺激，最终如何在心理层面处理新的体验。拉兹洛（Lazlo，1996）和他的同事们将这种心理图描述如下：

> 认知图是我们所生活世界的心理表现。它建立在我们个人经验基础上，有记忆，也有现实。认知图并不是以一成不变的被动形式代表我们的世界，而是以动态模式记录着我们的日常生活，甚至决定了我们的日常期待和所见所闻。它们代表着同时也参与了我们个人现实的活动。（Lazlo，Artigiani，Combs，& Csányi，1996，p. 3）

认知图最早由心理学家爱德华·托尔曼（Edward Tolman）在20世纪40年代提出，自此认知图的研究已经成为了解有机体与其环境之间关系的工具。加利斯特尔（Gallistel，1990）认为，认知图是在中枢神经系统中记录环境表面之间的宏观几何关系的记录，用于环境中的运动规划。神经系统中的记录与一个人实际动作之间的关系可能不是字面意思那么简单。皮克（Pick，1993）强调，即使是儿童，也可能有指导其行动的复杂构造知识。比如，已有研究表明，儿童在某空间外围行走，比在空间内部行走对空间有更准确的重构记忆。但最准确的是让他们在内部行走，同时让他们注意空间关系。

认知图更像是一种图像表现，在图中可以呈现一些易于理解的、熟悉的空间元素。陌生的元素可能会以某种方式被篡改、省略或转换。认知图可以编码人对环境的理解和熟悉度，为无法理解的图像留下空白。

我们记住某个位置的方式与其在物理地图中表示的方式并不完全相同。我们可能会记住某个位置的醒目标志，如拐角处的停车牌、大型教堂或公园，然后利用这些标志导航到该位置。通常我们记得目标地址周围的那些醒目标志，然后将注意力集中到当地。人们（和其他动物）对熟悉环境的空间配置反应方式通常不是基于环境的即时感官输入，而是基于他们的内部地图以及在地图上的感知位置。

某人第一次访问博物馆、动物园或水族馆时，会创建该体验的内部表征地图，后续的访问将会在此基础上进行修改，但是后面如何参观博物馆、关注哪些展品等在很大程度上仍由内部地图决定。人们创建认知图的方式可以提供有关环境特征的线索，这些线索很重要，并且最终可能形成记忆。参观后若让参与者画出展厅图，则能从展厅图上大致看到这次经历对他的意义。这可以提供一种获得视觉记忆的方法，不必首先依靠口头报告。在可能的情况下，参与者应提供对其绘画的口头描述，以解释一些不明显的特征。

在解释认知图时，尤其是在使用绘图时，必须要谨慎。据科斯林、赫尔德梅尔和洛克利尔（Kosslyn，Heldmeyer，& Locklear，1980）的研究，参与者的口头表述与实际绘图一样重要。认知图并不固定，可能在这一次和下一次之间会发生巨大变化。更重要的事件相对更详细或图像更大，但也并非总是如此。最后，参与者绘制记忆地图的能力不同，事实上，如果是受过绘画训练的参与者，他们可能会在很大程度上依赖原有的规则再现视觉场景，而非依赖他们的心理图像。

## 六、评估学习效果的时间框架

到目前为止，我们已经讨论了评估不同类型学习的不同方法。但是无论使用何种方法，所有非正式学习的评估和研究人员都需要面对同样的问题：我们应该在参观过程中评估学习，还是在参观后考察参观者记住了多少信息？

许多研究人员在参观前后都会评估参与者的知识。这种设计被称为前测-后测（pretest-posttest）设计。要测试差异的变量应该是可能受展览或项目影响的变量。通常在进入展厅之前，对参与者进行某种形式的测试，然后在离开该展厅后对其进行重新测试。两次测试的差异可能就是展览带来的影响。另一种常见的方法是仅用于测试后（posttest-only）的设计，在该设计中，参与者被随机分配到两组中的一组，随后对两组测试进行比较。

前测-后测可以对学习作出严格的评估，但在自由的非正式环境中，前测-后测设计（或仅后测设计）存在特殊的挑战。由于并未要求参与者注意某些特定元素，因此不清楚应该测试哪些点。通常，如果进行前测，那么参与者在参观过程中会有意识地注意测试中的信息。前测-后测设计的结果也许能表明观展的影响，但这些影响可能只有在测试的环境下成立。仅后测设计假定所有参与者所在的参观环境都一致，有相同的特征；但由于非正式学习环境涉及自由选择，因此并非所有人都能看到或做相同的事情。所以，这些实验性设计不太可能提供一般参观者在博物馆、动物园或公园中学习的信息，因此也就不能说明参观者能学到什么。

如果想知道前测对参观者体验的影响，可以安排一个对照组或比较组。通过对照组，研究人员可以了解该展览是否产生了预期的效果。比如，我们会认为，对照组中没有参观过展览的人比参观过展览的人学到的少。将参与者随机分配到一个或多个实验组或对照组，每个小组都有前测。实验组的人会被安排参加不同的活动（如表演或触摸物品），对照组的人不参加活动，但可以在展厅自由看展。然后所有小组都将接受后测。各组测试之间的差异可以看出某种活动或自由参观最有学习效果（针对前测内容）。采用这种方法要注意前测和后测的问题是参观者实际学习到的内容，比如不能过度涉及展品说明牌中的信息，问题应询问参观者的观展经历或对展览传递的态度持何种观点。

在非正式场合中，应该谨慎使用前测和后测评估。一般来说，前测-后测模型往往不再强调更重要的非正式学习经历，而关注简单的文本信息。在非正式场合，概念上的改变往往是循序渐进的，人们很少花时间去反思或系统归纳他们的经历。可能需要几天、几周甚至几个月的时间，才能把非正式教育的经验与先前的知识充分结合，使其产生重要的学习效果。这给我们评估非正式场合中的学习效果提出了特殊的挑战。尽管参观者可能经历了很多，他们通常需要几天或者几周时间，才能将新的经历融入概念框架中。

勒舍尔（Roschelle，1995）提出了针对非正式学习特殊性质的普遍性问题。例如，博物馆、动物园或公园能提升参观者对不同观点的认识吗？参观者会提出与自己相关的问题吗？参观者是否意识到他们可以利用现有的知识进入一个新的领域？这些非正式机构是否提供了建构型的学习模式，供参观者继续学习？非正式机构是否可以让参观者使用已有知识来帮助亲朋好友学习？这些机构是否提供了一个整合不同观点以丰富理解的场合？

从这些普遍性问题中，我们需要聚焦更具体的问题。比如：你的博物馆观展经历与你的馆外经历有怎样的关系？这个特别的展览让你想到什么问题？展览会让你联想到其他书籍、视频或其他材料吗？你会把展览的哪部分内容告诉孩子？

# 第四章　保护研究参与者

## 一、保护研究参与者的权利

研究人员和评估人员有伦理和法律义务保护研究参与者的权利。无论在哪里进行研究，这点都非常重要。非正式学习机构通常是公共场所，因此在数据收集的过程中，研究参与者很可能没有意识到自己在参与研究。事实上，作为研究参与者，他们应清楚知道研究的内容，并明确表明是否参与研究。非正式教育环境中的大多数研究涉及的风险很小，参与研究带来的潜在危害几乎可以忽略不计。但参与者仍然有权充分了解研究的性质及其可能产生的后果。

二战结束后，纽伦堡战犯审判期间首次制定了保护研究参与者的准则，称为《纽伦堡守则》（*the Nurembery Code*）。该守则为审判集中营中做人体试验的科学家而起草，随后成为开展研究制定伦理准则的基础。1974 年美国颁布《国家研究法》（the National Research Act）时成立了一个委员会，专门制定涉及人类参与者研究的伦理原则，包括一切生物医学和行为研究。该委员会起草了相应的指南，确保所有此类研究都符合上述伦理原则。1979 年委员会起草了《贝尔蒙特报告》（*the Belmont Report*），

## 三、知情同意

根据 2015 年内布拉斯加大学林肯分校审查委员会（University of Nebraska-Lincoln Institutional Review Board 2015）相关要求，知情同意的法律标准要求研究的潜在参与者知晓以下信息：

- 研究的总体情况，包含研究目的、参与者参加研究的时间、遵循的程序，了解任何带有实验性质的程序。
- 对参与者有任何潜在风险或不适的说明。对参与者或相关人员有任何奖励的说明。
- 会对研究参与者提供的信息保密，以及如何保密的说明。
- 参与者有权提出问题并得到相应解答，包括有关研究参与者权利的问题、解答问题的联系人姓名及电话。
- 关于自愿参与的说明。拒绝参加或中止参加将不会导致参与者任何利益损失（另立其他约定除外）。

如果参与研究可能涉及其他风险，还应提供相关赔偿情况的说明。比如发生意外，是否提供医疗服务、治疗的内容和如何获得进一步信息等。

一些参与者需要特殊保护，因为他们可能无法按照一般情况作出是否参与研究的决定。需要特别保护儿童和其他缺乏自决权人群的权利，包括部分患病人群、残疾人和其他限制自由选择的人群。

严格遵循伦理准则进行研究的可能后果之一是，充分告知参与者参与研究的信息可能会导致其在研究过程中改变观点或行为。但其实如果认真执行知情同意这一过程，其对研究结果的影响不会很大。如果评估人员认为研究过程已经影响了研究结果，那么在对研究结果进行推广时必须考虑这一点。

研究计划行文时要保持诚实和开放，这会使研究看起来不那么“高冷”。参与者有时会误认为研究的目的是评判他们的行为，因此评估人员要让他们知道研究的真实目的是改进博物馆工作。有关知情同意书的示例，请参见附件 4.1 和附件 4.2。

**附件 4.1　内布拉斯加大学教育创新中心艾米·施皮格尔设计的青少年知情同意书（Spiegel et al., 2013）**

**青少年知情同意书**

“病毒世界”（World of Viruses）研究

我们邀请你参与此项研究，因为你正好参加了生物科学课程。

“病毒世界”是一个关于病毒知识教学的项目，项目将会形成一系列报告、漫画和其他教育资料，供青少年使用。为了使这些资料尽可能有趣、有用，我们想先听听你的想法。你的回答将帮助我们进一步提高这些资料的质量，让你的同龄人更喜欢这套资料。

你回答这里的研究问题没有任何风险，我们相信阅读这些材料、回答问题会是有趣的体验。

参与这项研究将会花费一节课的时间，全程在教室进行。我们将随机分发一套阅读材料给你，读完后请你完成一个调查问卷。问卷不需要你填写姓名，我们不会知道你回答的内容。参与这项研究也不会影响你在班级的成绩。

如果你不想参与研究，就可以不参加。在填写问卷的过程中你也可以跳过问题或者在任何时候停止作答。如果你不参与研究的话，老师也会给你安排其他活动。

如果有任何问题，你可以随时问老师或研究人员。

如果你完成了问卷，那就意味着你同意参与这项研究，也完整阅读了这份知情同意书。如果你需要的话，也可以留一份知情同意书。

谢谢你的参与，让我们知道你对于病毒的了解。

研究人员信息：

朱迪·戴蒙德博士（Dr. Judy Diamond），内布拉斯加州立大学博物馆，邮箱：jdiamond1@unl. edu，电话：402-472-4433

艾米·施皮格尔博士（Dr. Amy Spiegel），教育创新中心，邮箱：aspiegel1@unl. edu，电话：402-472-0764

## 附件 4.2 内布拉斯加大学教育创新中心艾米·施皮格尔设计的家长知情同意书（Spiegel et al., 2013）

收件人：家长/监护人

发件人：内布拉斯加州立大学博物馆

主题："病毒世界"研究-家长知情同意书

您的孩子所在的科学课程正在参与"病毒世界"的研究。该研究收集到的数据将用于科学教育资料的设计和内容完善。

学生们将在课上完成一个问卷调查，该问卷不会给您的孩子带来任何危险，研究内容也与孩子们日常的科学课程内容很相似。我们的问卷设计会充分保护孩子的隐私，他们不用在问卷上写自己的名字，最后的研究成果也不会提及任何学生或学校的名字。

针对这项研究，我们将先让您的孩子阅读一份科学类的资料或漫画书，随后针对阅读内容完成问卷。

我们非常期待学生的参与，但参与研究完全是自愿行为。研究数据对于提高少年科学兴趣和科学教育的资料编写十分重要，但是基于自愿原则，学生不参与研究也不会产生任何不好的影响，更不会计入成绩。不参与研究的学生，老师也会给其安排其他活动。如果您不想让孩子参与研究，请填写此表背面的内容，并发送给我们。

内布拉斯加大学林肯分校社会学研究所负责内布拉斯加州立大学博物馆的问卷管理和发放。如果您想了解更多信息或看一下研究材料，请联系妮可·布赖纳尔（Nicole Bryner）或阿曼达·理查德森（Amanda Richardson），邮箱：bosr@unl.edu，电话：402-472-3672，他们将会很乐于帮助您。

# 第二部分
# 评估工具

评估问题和回答这些问题的方法之间有持续的相互作用。在一项理想化的研究中，研究人员提出问题，再选择最适合回答这些问题的方法。在实践中，问题和方法之间的相互作用更具双向性。虽然方法的选择通常由研究问题的性质决定，但是对方法的考虑也将决定你可以解决哪些评估问题。

方法在广义上分为定性法和定量法。定量法（quantitative）旨在将各种观点或行为归入既定类别。定量研究旨在探寻数据的数值模式，将众人的反应归纳为数量有限的一组变量。定量法通常采用统计检验方法来确立各变量之间的关系性质，以比较不同的数据类别。所述统计检验方法可包含实验、测试、观察、调查或用于对比不同人群的回答或行为的其他方法。定量法的主要优势是通过对样本的分析和研究得出关于大群体的结论。

另一种方法是定性法（qualitative），强调的是理解的深度，而非透过样本研究得出关于大群体的结论。评估人员可通过这种方法深入和详细地研究个别案例或事件。定性法可强调整体趋势，但还可能存在例外情况，特别是特殊案例与主流之间的差异方式。定性法包括直接引用、详细事件报告、访谈和行为观察。当你刚开始研究，或者当重要问题尚不清晰时，定性研究尤为重要。此外，定性法还能有效描述不易于归入不同类别的复杂现象或不可预测事件。

评估人员越来越倾向于将定性法和定量法结合起来使用，

也就是所谓的混合法。例如，在一项评估研究中，可采用定性法提出想法、分门别类、产生问题，同时还可采用定量法核验这些结果是否适用于更广泛的人群。这两种方法结合在一起，实现了洞察力、深度性、包容性与一致性、可预测性、可推广性的统一。

效度和信度对于评估研究非常重要。效度（validity）指测量方法或工具对于将要测量的内容是准确和适用的。如果你计划通过一系列的行为来确定是否发生了学习这一行动，则需要确定所述一系列行为是学习这一行动的有效指标。例如，观察到参观者看着一个展品说明牌并不能证明参观者已经阅读说明牌上的内容。因此，将这种观察称为阅读，效度很低。无论观察、访谈、问卷调查还是测试，效度都很重要。如果测量内容与外部专家判断一致，那么测量指标通常是有效指标。

信度（reliability）用于判断方法是否一致。一个可信的方法在每次使用时，通常以相同的方式测量同一事物。方法的精确度（即是否存在随机误差）、敏感度（即是否对微小变化产生反应）和分辨率（即能发现多细微的差异）都会对信度产生影响。例如，在进行观察时，未对行为类别进行清晰界定是不可信的，因为每次使用该类别可能引发不同行为模式的理解。每次访谈都以不同方式提出问题是不可信的，因为提出问题的方式可能引发不同的回答。

本部分内容主要探讨数据采集方法。第五章引入抽样问题，包括如何选择样本，如何确定样本量，以及如何寻找研究参与者。第六章和第七章阐述评估人员用于非正式学习环境的关键方法，包括动线追踪、观察、行为抽样、非正式访谈、半结构化和结构化访谈、个人意义映射（personal meaning mapping）、制作问卷（questionnaire development）和在线问卷调查。第八章介绍如何对所采集的数据进行描述和分析，其中强调了定量法和定性法的使用。

# 第五章　选择研究参与者

## 一、选择多少参与者？

研究应该包括多少参与者？在统计上，样本指的是大群体的一个子集。例如，在一项关于博物馆参观者的调查研究中，可选择 50 人作为样本以代表数量远远多于样本数量的群体，即所有可能的参观者。样本量和样本策略会影响对研究结果的分析。如果样本是认真挑选的，则对样本的分析结果对整个群体的适用性就更高。抽样过程中的偏见或样本量过小都将导致调查结果不准确，以至于样本提供的信息不能反映大群体的真实情况。

样本量根据研究目的和研究方法而定。相比定性法，定量法需要更大的样本量，因为定量法研究的目的是通过战略性挑选的样本人员探究大群体的情况。在这种情况下，样本量通常依据以下标准进行确定：

- 研究结果是否起着重要的泛化作用。
- 相关群体的规模和可变性。
- 群体中需要估计的最小子群。

在这里有几条方法可以帮助确定样本量：

- 对于提出问题以供后续探讨的探索性评估，样本量可设置为5—10个参与者。焦点小组宜包括10—20个参与者。定性研究可从多个差异尽可能大的子群中挑选样本参与者。
- 大部分定量分析需要的样本量为40—60个参与者，以确保样本有足够的代表性。
- 如果你认为定量研究中不同研究群体差异巨大，则可采用较小的样本量。
- 在定量研究中，根据对比的不同群体的数量来考虑样本量。应确定足够大的样本量，保证分析表中的各组或“单元”至少包括10个参与者。首先创建一个虚拟表，其中左侧列有参与者组，顶部列有分析类别（见表5.1）。

如何确定分析样本的参与者数量？主要依据样本将代表的大群体的规模来确定样本参与者的数量。表5.2显示了针对不同规模群体的样本量。请注意，随着群体规模的不断扩大，最终的样本量仅出现很小的变动，或者不发生变动。这样一来，如果你可以接受10%的抽样误差，且博物馆每年的参观者为100万人，那么对随机抽选的96名参观者的分析足以得出关于这个群体的合理结论。此样本量同样适用于博物馆每年参观者为5万或1 000万人的情况。抽样误差一般为3%，因此对于1亿人群体的样本量仅需比100万人群体多一个参与者。这就是为什么民调人员（通常要求3%的抽样误差）能够通过仅仅几千人的样本就对整个国家的人口下结论。但仅在无偏见地选择样本的情况下才能得出准确的结论，然而选择样本时通常存在一定的偏见。我们将在后文详细讨论如何避免偏见。

**表 5.1　三三制设计示例。如果有 9 个单元，每个单元有 10 个样本，则参与者总数将为 10×9=90 人**

| 年级 | 学校 A | 学校 B | 学校 C |
|---|---|---|---|
| K-2 | 10 | 10 | 10 |
| 3-5 | 10 | 10 | 10 |
| 6-8 | 10 | 10 | 10 |

**表 5.2　不同规模的群体所需的样本量（Salant & Dillman 1994, p. 55）。抽样误差是指研究者仅从一个样本而不是从整个群体中收集数据时可能出现的误差**

| 群体规模 | +/−3%抽样误差 | +/−10%抽样误差 |
|---|---|---|
| 100 | 92 | 49 |
| 500 | 341 | 81 |
| 1 000 | 516 | 88 |
| 5 000 | 880 | 94 |
| 10 000 | 964 | 95 |
| 50 000 | 1 045 | 96 |
| 100 000 | 1 056 | 96 |
| 1 000 000 | 1 066 | 96 |
| 100 000 000 | 1 067 | 96 |

## 二、选择定量研究的参与者

确定所需样本量后，下一步就是决定如何选择参与者。对于定量研究和定性研究，选择参与者的方法是不同的。本节讨论的是如何为定量研究选择参与者。由于定量研究的目的是对大群体得出结论，因此选择参与者的方法将影响结论所适用的群体。

研究一个数量非常小的群体（如在博物馆上过课的人）时，可以将该群体的所有成员都作为参与者。在这种情况下，你并非在对一个群体进行“抽样”，因为能够将群体内的每一名成员纳入研究。然而大部分情况是，研究的群体数量过大，无法全部纳入研究。在这种情况下，你需要对研究群体进行抽样，仅对一小群参与者进行抽样调查。可通过参与者的回答了解大群体的意见。

定量研究中采用的两种常见方法为系统性抽样（systematic sampling）和代表性抽样（representational sampling）。在系统性抽样中，确保各组的参与者数量相同（见表 5.3）。系统性抽样适用于需要各类别样本量相同的统计分析。性别和年龄系统性抽样如表 5.3 所示。各年龄组参与者中包括一半男性和一半女性。各性别参与者中一半为成人，另一半为儿童。

**表 5.3　性别和年龄系统性抽样示例**

| | 女性 | 男性 |
|---|---|---|
| 成人 | 20 | 20 |
| 儿童 | 20 | 20 |

有时候，想要根据具有特定人口特征的人在总人口中的比例来选择参与者，这就是所谓的代表性抽样。这种抽样方法根据各类别在相关群体中出现的频率比，决定各类别的样本量（见表 5.4）。如果按照族群或年龄来选择参与者，可根据其在博物馆参观中所出现的频率来选择各分析组的参与者。例如，如果受众中

老年人的比例为60%，儿童为20%，非老年成人占20%，则可按照这个比例来选择各组参与者。

**表5.4　不同族群代表性抽样示例**

| | 西班牙裔(%) | 非洲裔美国人(%) | 白人(%) | 亚裔(%) | 太平洋岛民(%) | 美洲印第安人(%) | 其他(%) |
|---|---|---|---|---|---|---|---|
| 成人与儿童 | 50 | 10 | 20 | 10 | 3 | 4 | 3 |

不同族群代表性抽样示例见表5.4。如果样本总量为100，且所在地区的人口包括50%的西班牙裔、10%的非洲裔美国人、20%的白人、10%的亚裔、3%的太平洋岛民、4%的美洲印第安人以及3%的其他族群，则代表性样本量如上表所示。

无论采用系统性抽样还是代表性抽样，下一步工作将是确定如何选择纳入样本的个人。你需要确保总人口中每一个人被纳入样木的概率相同，且不能按照其他可能带有偏见的标准来选择参与者（如看起来友好的参与者或首先跟你对话的人）。一个可行的方法是针对选择对象制定一个交替选择机制：如对女性和男性成人进行抽样，可选择进门的第一个女性并邀请她参与。如果她同意参与，则返回门口选择第一个进门且同意参与的男性参与者。一些研究人员提倡将第五位出现在指定位置的人作为各类别的参与者，此做法对于同时有多名参与者进入的情况非常有用。

交替选择法适用于各参与者进入大楼概率相同的情况。但如果你希望按照年龄或族群进行系统性抽样，且有些族群的参与者相对稀少，则需要耗费很多天才能完成抽样。在这些情况下，实用的方法才是最佳方法。如果是按照年龄进行系统性抽样，且仅有少数“60岁以上”的人进入大楼，那么你可能希望包括几乎所有这一类别的人，无论他们是何时进入的。在呈现研究结果时要考虑这种做法对研究结果产生的影响。在非正式的环境中，无法对环境做到严格控制，因此采取务实的做法也是必要的。总之，要重视抽样规则，尽可能以最公正的方式选择样本，然后考虑可能导致偏见的情况。可通过以下几种方式选择参与者：

- 当他们进入或离开大楼、房间时。
- 从会员名单、观众登记簿、博物馆课程或俱乐部参加者中选择。
- 从博物馆或其他公共场所附近走过的人中选择。

如果你想选择典型的临时参观者作为参与者，则应选择进入或离开大楼、项目或展览现场的人作为参与者。如果仅研究与机构有深入互动的人，则从机构会员、培训班或志愿者名单中选择。记住，永远没有完美的参与者选择时间。如果你在其进入机构时进行选择，他们有可能正在匆忙赶路，担心可能错过展览或项目。如果你在其参观结束后进行选择，则可能他们已经没有时间了，需要匆忙赶往下一场活动。无论在哪种情况下，务必立即告知参与者你将占用他们多少时间，并确保准时结束。如果计划访谈身边带着小孩的成人，则必须确保小孩不会走失，以便成人可专心回答问题。在所有情况下，最重要的目标是以公正的方式选择参与者。

一个好办法是对参与者所付出的时间作出补偿。对于不愿意花时间参与研究的潜在参与者，可以向其免费提供场馆入场券、演出券或者博物馆纪念品商店的礼品券等。这有助于让双方感到放松，大家就不会感到你在强制占用他们的时间。对于持续时间较长的访谈，最佳的方式是先在现场或通过电话、邮件联系参与者，再安排后续方便的时间进行实际访谈。

在一周中的哪一天或者一天中的哪个时间进行访谈也会对参与者选择产生影响，因为在一周中的不同时间或不同天出现的人不同。特别是如果你需要从数量较大的群体中进行抽样，务必要了解该机构的运营情况。例如，学校团体一般在工作日上午参观博物馆，而家庭则喜欢在周末参观博物馆。有幼儿的家庭主要在周末上午参观博物馆，以避开午睡时间。如果研究的是家庭群体，则建议在周末进行抽样。如果研究对象是所有参与者，则应在所有参观时间段进行抽样。大部分非正式教育机构（或其安保人员）都能提供关于其参观模式的信息，这些信息有助于你以一定的标准选择参与者。

**表 5.5 从临时参观者中选取参与者的计划表**

| | 周一 | 周二 | 周三 | 周四 | 周五 | 周六 | 周日 |
|---|---|---|---|---|---|---|---|
| 上午 10 点到中午 12 点 | X | | X | | X | | X |
| 下午 1 点到 3 点 | | X | | X | | X | |
| 下午 3 点到 5 点 | — | — | — | — | — | — | — |

表 5.5 为从博物馆的临时参观者中选取参与者的计划表（该馆每周开放 7 天、每天开放时间段为上午 10 点到下午 5 点）。在这种情况下，需要避免下午 3 点到 5 点的这个时间段，因为这个时候参观者的参观行程已接近尾声，人也筋疲力尽。然而对另一个博物馆或另一项研究，这个时间段可能恰好是最佳抽样时间。可利用这个矩阵排除部分时间段，进而帮助确定最佳的抽样时间。

## 三、选择定性研究的参与者

定性评估通常仅需要选择数量较少的参与者。定性抽样的方法包括以下几种（Patton，1987，2008）：

- 极端个案抽样（extreme case sampling）：选择特殊案例来阐明具体人员的情况。选择“最佳”或“最坏”案例样本。
- 最大变异抽样（maximum variation sampling）：紧扣主题和主要结果选择多样化的样本。如果研究项目涵盖的地理区域广泛，则选择能够代表大部分特征的参与者（如农村、城市和城郊地区的参与者）。如果研究项目涉及多元化的受众，则应确保参与者能够代表相关的多样性。
- 同质性抽样（homogeneous sampling）：围绕某一重要问题选择一个数量较小的样本，例如 60 岁以上的成人或者 3—5 岁的儿童。
- 典型个案抽样（typical case sampling）：在机构的帮助下了解真正的“典型”人群，选择最接近理想状态的参与者。如果大多数参观者是两个家长和两个孩子的家庭团体，那么样本可能只需包括这些群体。
- 关键个案抽样（critical case sampling）：“关键个案”指的是出于特定原因非常重要的人员。例如，如果 60 岁以上的参观者能够读懂你的设计图，则大部分其他年龄段的人群也能读懂。

- 链式或滚雪球抽样（chain or snowball sampling）：一个参与者将你推荐给另一个参与者，该参与者再将你推荐给第三个参与者。每一名参与者都能从其自身的角度提出关于研究问题的观点。
- 信息提供者（informants）：一人或多人向你提供关于某个事态或项目的实时信息。例如，讲解员或志愿者可以充当信息提供者，从参与者的角度传达培训项目的详细信息。

有时候会寻找巴顿（Patton，1987）所称的“确认个案”，即持与已采集人群相似观点的参与者。例如，如果残障人参与者在观看展品时遇到问题，你可能需要寻找其他残障人参与者来确认他们的问题。还有一些时候则可能需要选择与已访谈或观察的人存在显著差异的“对比个案”。此外，抽样还可能具有政治或实际因素，比如将理事会成员或行政管理人员纳入访谈可能有助于他们对你的研究的信任。你总会遇到时间紧迫或资源有限的情况，此时能抓住谁就访谈谁，在这种情况下，解读评估结果时需要考虑相关偏见因素。

# 第六章　观 察 工 具

观察是了解人们如何利用非正式学习环境的最直接方法。可通过观察了解观展人数，以及参观者与具体展品互动的情况。通过观察还可了解参观团体成员在参观过程中谈论的内容，以及对展项的反应。本章阐述可用于非正式环境评估研究的四个观察工具：(1)统计；(2)跟踪动向；(3)基础观察；(4)详细、系统的观察。本章还涉及在观察过程中对参观者行为的抽样策略，以及记录可观察数据的策略。

## 一、人数统计

最基本的观察研究是统计人数。在博物馆门口观察不同日期和时间进入博物馆的人，更能了解博物馆的参观人群（Serrell，1977）。观察参观团体的构成，以确定人们主要是以家庭为单位参观博物馆还是喜欢与其他同伴一同参观博物馆。此外，你可能还想了解参观人数是否会在一周中的不同时间或一天中的不同时间段发生变化。对参观不同展览的观众进行人数统计可了解不同展览的受欢迎程度、易操作性、可及性等（另可见 Korn，1995）。统计参观人数还可作为深入研究的第一步工作，但对于统计工作，首先应：

- 考虑如何告知参观者你正在进行的研究。通常，如果只统计进入机构的人数，则在入口处放置一个标志，告知人们评估项目的性质和原因就已足够。尽可能告知参观者其可以要求不参与统计。
- 确定将如何开展统计。你可以选择在参观者进入大楼时统计，但还应寻找更好的统计方法。在这种情况下可能已经存在参观者统计的被动方法，例如自动旋转栅门或带有计数软件的相机。有时候机构的入场收费机制有助于你根据每天的门票收入或派发的门票数量来推断参观者数量。
- 根据你想了解的内容确定开展统计的时间和地点。尽量定期抽样，以避免仅在下午或周末统计参观者而引起的偏差。有时候可以通过工作人员在各个入口进行统计，并对每一位进入的参观者进行分类。
- 构建一个数据采集表单，指定想要采集的观察数据。例如考虑以下数据点：日期、时间、统计人姓名、参观者性别、团体类型（成人—儿童、仅成人或仅儿童）和年龄段。在一些情况下，可以通过专门的智能手机应用程序或专用设备保存这些记录。

## 二、追踪参观者行动路线

通过追踪参观者在机构或展厅内的行动路线可了解参观者选择观看的展览或物品。有时展区的空间布置可鼓励或妨碍参观者接近特定展品。20 世纪 20—30 年代，梅尔顿（Melton，1933，1935）、罗宾逊及其同事（Robinson，1931；Robinson，Sherman，& Curry，1928）在博物馆追踪参观者的行动路线，确认了多个空间使用模式。这些研究人员认为，在所有其他条件相同的情况下，参观者在进馆后通常选择向右走。他们喜欢沿着右手边的墙参观，并且通常会在接近出口的地方加快参观进度。重点展品对周围展品的影响比较复杂。它们有时候会产生溢出效应，鼓励游客参观附近的展品；但有时候又让周围的展品黯然失色，使公众忽略周围的展品。这些研究结果自发表后便获得业界其他研究人员的证实，具体可参见瑟雷尔（Serrell，1997）关于此问题的评论。图 6.1 给出了一种展示追踪数据的方法。

在追踪参观者的行动之前，应首先利用展馆或项目空间简化平面图来跟踪每一位参观者的移动模式。在一个楼层平面图上只记录一个参观者的移动轨迹，因为一个活跃的参观者能够呈现足够复杂的行为模式供分析。如果希望跟踪家庭团体，则选择一个成员作为焦点参与者，再详细记录该成员的行为，同时记录其余成员的所在位置。你也可以考虑让游客在整个博物馆内移动时佩戴能够追踪他们位置的设备。

你还可能需要记录参观者在不同展区停留的时间，在平面图上用圆圈提前标注这些地点。在做记录的过程中，你可以在圆圈中标注时间值（如在该位置停留的时长）。

可采用一个代码来记录特定地点的参观者行为。在平面图上画一个正方形来表示这些地点。根据展览的类型确定代码的详细程度。下一节将介绍如何对行为编写代码。

要收集足够多的参观者行动图，才能更清晰地体现展馆或展厅的使用模式。通常需要在不同日期、不同时间收集至少 30—

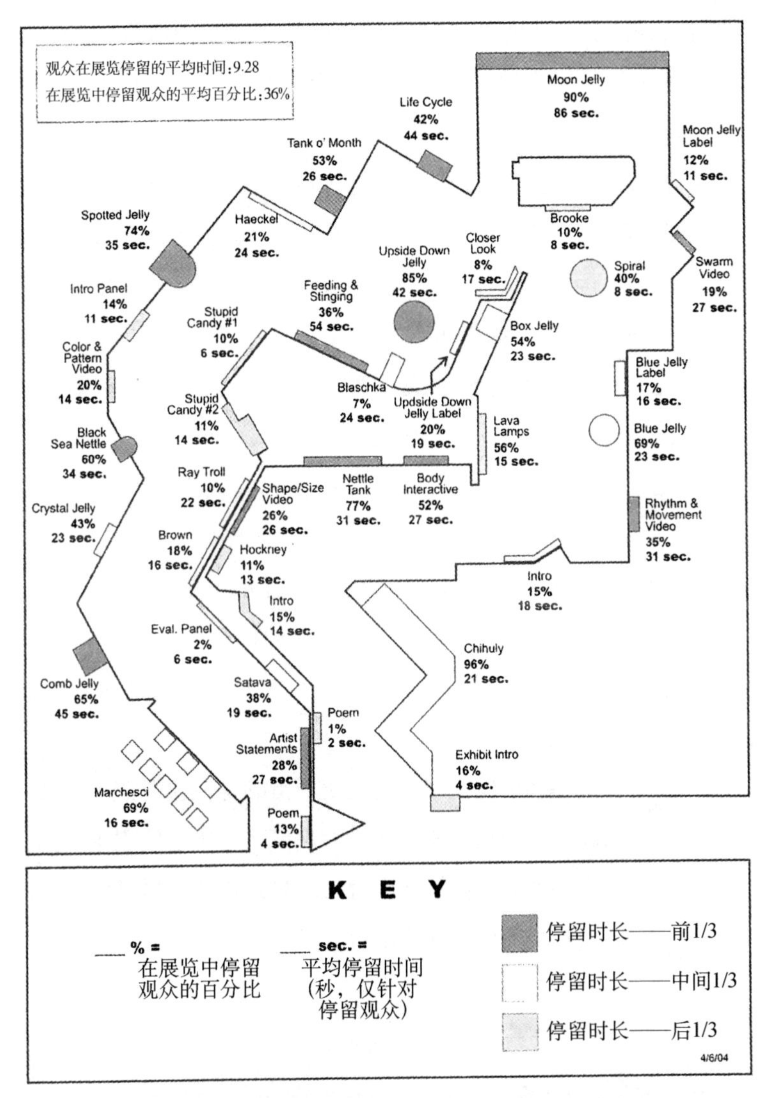


**图 6.1　也洛维茨和托穆莱妮斯（Yalowitz & Tomulonis, 2004）为蒙特雷湾水族馆（Monterey Bay Aquarium）占地 4 650 平方英尺的“Jellies: Living Art”展览设计的计时与追踪结果**

（来源：蒙特雷湾水族馆）

50 份参观者的行动地图，再通过这些地图整理出对应的模式，最后判断哪些类别对这些追踪地图的整理有用。示例如下：

- 重度、中度、轻度使用：选一些典型的例子展示人们参观展览、产生互动的变化。重度使用是指观众参观多个展览、互动频繁。轻度使用表示观众观展时间短或参观数量少，或二者兼而有之。
- 完整参观和不完整参观：有时参观者会在每一个展品前停留，几乎不错过任何互动机会，这可被视为完整或彻底模式。将这种模式与短线路参观模式进行对比，借此寻找美术馆或博物馆中容易被观众忽略的地方。
- 快速参观和缓慢参观：一些参观者每个展品都看，但在展品前所花的时间都很短。将这种模式与长时间在展品前停留的模式进行对比，同时尽快创建中间类别以体现更典型的参观模式。
- 密集、集中和最低使用：密集使用指的是在相对较少的几个展品前停留相当长一段时间的参观模式。集中使用指的是在数量较少的展品前停留适度时长的参观模式。最低使用指的是在数量较少的展品前停留短暂时间的参观模式。

## 三、基础观察

基础观察非常简单，类似观察参观者的行为信息等。记录那些最重要的行为信息，但最好使用代码描述。例如，你可能无法验证参观者是否阅读了展品说明（除非他们大声朗读），因此，你可以使用“看说明”和“大声阅读说明”这两个类别。如果没有时间对行为进行标记，则先留出空白。以下是进行基础观察时可采用的代码及其所对应的行为：

le　仅观察展品

man　动手操作展品

ce　评论，与展品相关

cn　评论，与展品无关

qe　提问，与展品相关

lat　看标签/图表

ra　大声阅读标签

nn　以上都不是

基础观察工作不仅能统计人数、追踪行动，还能描述和测量人们日常生活中的具体行为。这种观察的一个优点是，能够帮助评估人员更好地理解研究所处的情境或场景。既能直接描述参观者的具体行为，还能识别一些意外结果。

基础观察可用于前置性评估、形成性评估和总结性评估。在前置性评估阶段，可通过基础观察了解参观者对于展览初期成品的反馈。在形成性评估阶段，基础观察可提供关于项目和展品实施和交付机制的反馈。基础观察还可用于总结性评估，评估参观者在整个参观过程中与展品互动、参观者相互交流的程度。

如果用于形成性评估，基础观察有助于在项目的运行过程中对项目进行改进。例如，评估人员想观察一群参加课外项目的青少年——项目旨在提高青少年对天文学的兴趣及认知水平

(Foutz & Koke，2007)。由于工作人员想营造轻松、合作的学习氛围，因此研究主要关注项目辅导员和青少年之间的互动，及项目空间设置的情况。观察表明，项目内容比工作人员预期的结构性更强，项目的空间设置为讲课式。通过这些观察，工作人员在项目内容中增加了更多的小组讨论，以便于青少年有更多机会展开合作。

基础观察有几个步骤。首先要考虑评估人员在数据采集过程中扮演什么角色。评估人员是否作为研究的参与者，决定了观察策略的不同。通常要区分评估人员是作为旁观者还是参与者。作为旁观者时，评估人员要确保不引人注意，尽量将其对参与者行为的影响降至最低。作为参与者时，评估人员要利用其身份优势采集信息，完全融入被观察内容中去。按照巴顿的观点，

> 最理想的情况是，在考虑参与者特征、工作人员与参与者的互动以及项目的社会政治背景后，再决定评估人员的参与程度，以产生最有意义的数据。(Patton，1990，p. 209)

观察法源自人类学家和社会学家的研究，他们研究其他文化需长时间（有时甚至长达若干年）沉浸在这些文化体验中。在项目评估中，观察可短时间、多维度进行。在对讲解员或志愿者项目的评估中，评估人员可以接受培训，先成为志愿者团队的成员。同样，评估人员也可以与家人或朋友共同参加课程或体验项目。这种方法的关键在于沉浸，评估人员能对其研究的人员感同身受。

鉴于年龄、性别、背景或族群等因素，评估人员不能总是深

入参与活动。如果评估人员将被研究的群体成员纳入研究团队，有时候能够解决这种问题。但并非所有情况都适用此方法。巴顿（Patton，1987，p. 76）描述了一名囚犯和一名在监狱里进行观察的年轻评估人员之间的对话：

囚犯："你来这儿做啥，伙计？"

评估人员："我来这里待一会儿，想了解一下监狱里的情况。"

囚犯："你说'了解一下监狱里的情况'是什么意思？"

评估人员："我来这儿亲身体验监狱的内部情况，而不是在外面瞎研究。"

囚犯："滚开！从内部体验？你了解够了就可以回家了，是吗？"

评估人员："是的。"

囚犯："那你永远也不会知道在里面是什么感觉。"

除决定是否作为参与者外，评估人员还必须决定如何向参与者描述观察目的。如果可行，最佳的方式是直接告诉参与者你正在做的观察，以及做观察的原因。这就是第四章所述的研究伦理。当在一个机构或展览中开展观察时，在门口放一个显眼的标志告知参观者让其了解自己有可能在参观过程中被人观察，以及这些观察的用途。在项目开始时公开研究的基本情况，有助于参与者了解观察者的身份，以及他们将在整个项目中扮演的角色。

确定观察范围也是开展基础观察的一个关键步骤，因为无法对所有人进行观察。要提前考虑应特别注意的对象，以及无须注意的对象。巴顿（Patton，1990）对广泛观察（包含环境中几乎所有方面）和重点观察（仅涉及现场一部分内容）进行了区分。通常可通过评估设计和研究问题的性质来确定观察范围。例如，你最感兴趣的可能是了解参观者如何与展馆内某具体展品互动，或参观者如何与其他参观者交流。

还需考虑如何选择观察对象。通常可以选择一个能反映参观展览或参加课程的整个群体的代表性样本。以这种方式进行的基础观察通常能够准确地反映大群体的情况。但如果基础观察是用于形成性评估，可以采用更具“目的性”的方式，挑选能够代表指定用户子群的参与者。

确定研究参与者后，应考虑如何在基础观察过程中进行数据记录。通常，基础观察也需要一套标准用于记录，可以有多种形式，比如详细叙述的现场记录、针对相关评估问题的特定行为检查表或评分表等。使用一套标准能最大限度让所有观察者在一套体系下收集有用的数据。关于详细的叙述和现场记录，巴顿（Patton，1990，p. 273）提供了以下指南：

- 尽可能描述清楚。
- 从不同角度全面收集信息。
- 通过收集不同类型的数据形成三角对比结构。例如，可将观察数据与访谈内容进行对比，或者与项目文件或图片进行对比。
- 引用原话。用参与者原话描述其参观体验。
- 尽可能全面地体验项目或参观展览，同时保持分析视角。
- 清楚区分描述性信息和阐释判断性信息。

- 在现场记录中纳入你自身的体验、思想与感受。这些也是现场数据。

简单的分类或评分表也是记录基础观察的有用方式。可以采用一个简单的参与标度（见表6.1）来记录参观者对互动性展品的参与程度。通过这种方式从一开始就明确类别提升观察效果，而不是事后再对现场记录进行编码。

**表6.1　法尔克和霍兰（Falk & Holland, 1991）制定的用以评估参观者与展项互动程度的参与标度**

| | |
|---|---|
| 1. 最低/一瞥 | 参观者在展品前稍作停留，扫视了一个展品或附近多个展品，但对这些展品或信息都没有表现出特别的兴趣。 |
| 2. 走马观花 | 参观者走马观花，匆匆忙忙观看多个展品，不经意地瞄到一个展品并看一眼展品的文字介绍，但并未表现出特别的兴趣。 |
| 3. 中等 | 参观者停下脚步，观察几个展品，略有兴趣，也读了一些文字介绍，有些投入和专注。 |
| 4. 专心 | 参观者停下脚步，十分认真地观察大部分展品；仔细阅读展品介绍，十分投入和专注。 |

## 四、详细观察

可通过详细观察了解参观者在非正式学习环境中的实际行为。详细观察法已被无数研究人员使用，用于了解非正式学习如何发生、校外学习人员的性别与年龄差别、社会互动对非正式学习体验的作用等。

自爱德华·罗宾逊和亚瑟·梅尔顿在20世纪20—30年代的研究以来，详细观察法就广泛应用于博物馆和其他非正式教育环境。多年来，研究人员通过跟随参观者的脚步或随意加入参观群体的方式进行了观察（Diamond，1980；McManus，1987），还通过监控录像对参观者进行观察（Falk，1983）。这些观察结果使教育工作者对参观博物馆、动物园、水族馆或公园的经历有了全新的理解。在这些环境中长达二十年的观察研究已经形成了一种共识：社会互动是非正式学习的核心。社会经历通常是参观这些机构的主要动力，社会互动是在这类机构中教学的根本组成（Crowley et al.，2001；Davis et al.，2015；Falk & Dierking，1992）。

开展详细观察之前需要确定记录设备、观察类别以及行为取样方法。关于记录详细行为信息的研究可参见马丁和贝特森（Martin & Bateson，2007）、约德和西蒙斯（Yoder & Symons，2010）的研究。

开展详细观察的第一步是创建行为一览表（ethogram）。行为一览表在诺贝尔生物学奖获得者康拉德·洛伦茨（Konrad Lorenz）的研究中得到推广，指的是一个动物的全部行为总和，该表被生物学家广泛用于野生动物在自然栖息地的行为记录（Lorenz，1950）。行为一览表是一个列表，分多个主要类别对相关物种的行为进行记录。在博物馆或动物园对游客进行观察与观察大自然中的野生动物有许多相似之处。在这两种情况下，观察者都试图通过对研究对象产生最小影响的方式来观察自然行为。博物馆或动物园行为一览表记录参观者在这些环境中的各类行为。

戴蒙德（Diamond，1982）建议制定行为一览表的第一步是开展一系列的初步观察，其间列出观察对象表现出的所有行为。

你可以把在此之前观察到的行为补充到初步观察中。此外，还可以先用其他研究人员发表的列表开始观察，再通过对研究对象的观察对该列表进行修改。

构建行为一览表的第二步是明确各个行为，以便集中观察特定行为，而不是将精力集中在说明或判断上。应依据可观察的特征来描述行为，其中不得包含需要猜测参观者内心感受的行为。我们之前提到过，你无从知晓参与者是否在阅读展品说明，除非参与者大声朗读。因此，应采用这两个类别："看展览说明牌"和"大声阅读展览说明牌"。同样，你可以观察一个参观者在微笑，但无法观察到其是否"开心"。因此，用"微笑"作类别更加合适。

需要明确行为类别是事件还是状态。某些类型的分析仅要求你使用其中之一。事件（events）指的是持续时间较短的行为模式，比如"触碰""提问题""点击"或"大声朗读"。状态（states）指的是持续时间较长的行为模式，例如"休息""等待"和"坐着"。

判断是否需要测量潜伏期、频率、持续时间或强度：

- 潜伏期（latency）指的是行为首次发生之前所需的时间。潜伏期结束可以是环境发生变化，也可以是参观者自身行为发生变化（如参观者走向展品到使用展品之间的时间）。
- 频率（frequency）是单位时间内行为发生的次数。例如，频率可以指家庭成员操作展品的次数或小孩在项目中提问的次数。

- 持续时间（duration）指的是行为模式每一次发生的不间断时间。例如，参观者与展品进行互动的时间，或其观察图表所花的时间。
- 强度（intensity）是对行为的分级测量指标。例如，动作可以划分为“跑”“快走”或“慢走”（辅之记录各类别的速率）。

确定观察所需时间。例如，观察的持续时间可以从参观者首次走向展品开始，到其离开展品结束。也可从家庭团体进入展馆开始，到其离开展馆结束。最后，以方便你记忆的方式对行为类别进行编码。采用两个或三个字母而非数字作为代码的类别通常更易于记忆［“lat”代表“look at（看）”，“man”代表“manipulate exhibit（操作展品）”］。

行为一览表一般涉及一个很长的行为类别列表。戴蒙德（Diamond，1980，1986）在其于旧金山探索馆和加州大学伯克利分校劳伦斯科学馆对家庭团体的研究中采用了包含 70 个类别的行为一览表。每一个类别都指可观察行为。不过有时候，采用更简短的行为列表可能效果更好。行为代码列表是行为观察结果的“词汇表”，就像你可以从单词列表中选择单词构造句子一样，观察者也可以从行为类别列表中选择类别来描述行为。通过类别代码构成的“句子”或单一类别栏准确记录观察到的参观者行为。通常情况下，如果采用手写记录方式，可采用简写为一个或两个字母的类别代码，以便提高记录的速度。

## 五、行为取样

开展详细观察的一个重要步骤是选择行为抽样方法。因为参观者的行为是在一连串的信息和活动中展开的，观察者需要决定如何从连续信息流或活动流中进行抽样。应用最广泛的行为抽样方法是焦点个体取样法（focal individual sampling）。使用这种方法时，观察者选择单个个体并观察其行为。当目标参观者离开视线后，观察结束，直到其再次出现。

社会行为的观察可采用焦点个体取样法，关注焦点个体与其他人的所有互动。在观察家庭团体时，可提前根据确定的特征选择一个家庭成员来关注（如成年女性或年龄最大的孩子）。如果你十分确定两个人会一直待在一起，也可采用焦点双个体取样法，对一对参观者的行为进行记录，比如一个家长和一个孩子。

在采用焦点个体取样法时，观察者通常记录连续的行为流，以记录尽可能完整的信息。这就是所谓的连续记录（continuous recording）。记录的开始和结束时间通常是之前就决定好的。例如，可以将孩子第一次走向一个展品的这一刻作为连续记录行为的开始时间，将其离开展品的时间点作为结束时间。这种类型的记录适用于视频记录，因为它方便以较慢的速度或者一帧一帧地回放，以对其进行分析。同理也适用于音频记录，可以将行为事件的连续描述记录在磁带录音机中，供后续转录。此外还可通过笔记本电脑完成连续记录，电脑程序能够自动完成时间管控。在形成性评估中，让参观者自由参观展览，再使用代码记录下参观者行为的连续描述，便可以完成一个粗略的连续记录。虽然记录可能不是很详细，但它准确地反映了参与者如何参观展览，这些信息对展览设计者来说是有价值的。

采用焦点个体取样法时，可设定一个固定时间段，并记录各时间段结束时发生的行为。这种取样方法被称为时间取样（time sampling）。例如，你可以每隔 3 分钟观察一次参与者是在活动还是在休息。在整个参观过程中完成此类记录可帮助你决定休息点的设置位置。对于时间取样，不同行为已经设定好，要做的只是每隔一个时间段，在相应的行为旁边记录时间。时间取样法的一个改编版本是一零采样法（one-zero sampling）。采用一零采样法时，则需要定期观察是否存在某个行为。这种取样法最适用于取样间隔相对频繁的情况，比如需每分钟进行取样。

当无须获取大量的个人数据时，个人取样法可能不是最佳方法。此时可采用另一种方法——扫描采样（scan sampling），定期记录整个团体所有成员的行为。例如，你可以每隔 30 分钟观察博物馆展厅中所有人的行为。通过一整天的观察，基本就能了解该展厅的参观者行为。由于扫描采样法通常非常快速，即更易于记录显眼的行为，因此不能十分准确地呈现个人参观者的行为。

另一种确定观察对象的方法是行为取样（behavior sampling）。采用行为取样法时，要观察整个参观团体，记录某一具体行为的出现情况。观察者通常还会观察发生相关行为时的背景、行为参与者、该行为在哪个展品前发生。例如，观察者可站立在一个展品前，记录所有参观者阅读该展品文字说明所花的时间。这种做法可以让观察者大概了解参观者对展品文字说明的注意程度，以及哪些参观者会阅读文字。行为取样法通常用于研究发生频率较低的行为。

当进行初步观察以确定行为类别时，观察者可使用随意采样(ad lib sampling)。采用这种取样法时，观察者记录任何可见行为或引起其注意的行为，无固定观察时间。这种方法还适用于参与者观察，即观察者参与到被观察的活动中。在这种情况下，观察者在其方便时进行观察。有时候随意采样法还可用于不常见或无法预见事件的观察，如著名人物的出现、异常庞大的人群，或者地震等突发情况。

# 第七章　访谈和问卷调查

通过访谈和问卷调查可了解参观者个人的思想和观点。本章将通过访谈和问卷调查来了解参观者及其参观体验。

## 一、访谈指南

一次有效的访谈可以了解参观者的思想和参观体验。访谈可以产生大量的数据，通过面对面交流，访谈者可以向受访者解释或阐述问题，还可以对访谈主题进行深入探讨。

访谈的提问方式对获取信息的质量有着重大影响。高质量的访谈目标是引发参与者（受访者）在不受访谈者影响下对问题进行回答。无偏见的访谈是指参与者在回答问题时感到舒适和安全，访谈人员没有隐含的判断或批评，参与者能坦诚回答。访谈和调查问题的编写要十分谨慎。为帮助评估人员设计访谈问题，可参见（Tourangeau，Rips，& Rasinski，2000）和（Sudman，Bradburn，& Schwarz，1996）的研究成果。

可以一次访谈一个参与者，也可以访谈一群参与者。访谈形式可以是随意的谈话，也可以提前编制问题列表，并以相同的方式对每一个受访者进行提问。但访谈的性质决定了访谈结果的分析方式和数据的解读方式。定量访谈相对正式，结构性更强，获得的信息也可以进行统计分析。定性访谈更多是通过谈话来深度探讨或探寻新方向。定性访谈的结果通常是记叙性的，作出趋势总结或提出新想法。以下是一些适用于所有类型访谈的指南：

- 提前计划如何选择受访者。对于时间超过 15 或 20 分钟的访谈，应提前与参与者安排访谈时间和地点。
- 对参与者态度要真诚，告知其访谈目的，询问其是否愿意参与研究。坦诚和真诚的态度不仅是研究伦理的要求，还能让参与者感到舒适，以坦诚的态度回答问题。
- 确定合适的访谈地点和时间。尽量安排具有私隐性的访谈地点。如果参与者携带小孩，应安排人看管小孩，以确保参与者不分心。如果幼儿是访谈的重点，也要照顾到小孩的看护人。
- 仅询问与研究有关的问题。其他问题，无论多么无伤大雅，都是对参与者隐私的冒犯。除非确定是必要问题，否则不要询问。应确定所提出问题的理由，特别是个人问题。进行评估设计时，应明确哪些是必要问题。
- 安排问题顺序时，应将个人问题安排在最后。参与者对个人问题的认知不同，但人们总是对透露年龄、收入、在这个国家居住的时间比较敏感，有时候也会对涉及姓名和住址的问题敏感。如果你需要针对研究提出这些问题，可在访谈的最后提出。这样可以让参与者在对你有一定的了解后再透露个人信息。偶尔也会有参与者因为对这些问题太过敏感而拒绝继续接受访谈。

- 相比具体年龄或收入数据，参与者通常更愿意透露其年龄段或收入范围。例如，不询问参与者的具体年龄，而是提供多个年龄段选项供其选择；不直接询问参与者的家庭年收入，而是提出以下问题："请问你的家庭收入在以下哪一个区间？低于3万美元；3万美元到6万美元；6万美元到9万美元；超过9万美元？"
- 每次只问一个问题。如果你想询问一个人的优点和缺点，应首先问其优点，再提出另一个问题，即问其缺点。不要指望参与者能一次性记住多个问题。
- 可进行一次预访谈。通过预访谈可以发现哪些问题会让人混淆，参与者对哪些问题的理解与你的预期存在偏差。

巴顿强调访谈者有责任向参与者清楚阐述所提出的问题。这需要采用参与者能理解的词汇清晰地表达问题：

> 在准备访谈时，应首先调查访谈对象的语言习惯，使用受访者能够理解的词汇进行访谈。访谈期间应注意受访者在描述环境、项目参与者、具体活动或其他内容时所使用的词汇。访谈者应在剩余的访谈时间内尽量使用受访者的词汇。使用受访者熟悉的词汇能让受访者更好地明白访谈问题。(Patton，1987，p.23)

## 二、非正式谈话访谈

不同类型的访谈具有不同的优缺点。最常用的访谈类型是非正式谈话访谈或非结构化访谈。这是一种开放式的访谈方法，是许多定性研究常用的方法。其间，访谈者根据谈话的性质来引导提问。在与参与者进行初步沟通的过程中，自然引出问题。如果提出了一个重要或有趣的观点，可随即提出后续或更加深刻的问题。

谈话可能是最不具攻击性的访谈方式，是探寻参与者内心感受的重要工具。一般访谈中，参与者通常没有时间思考其关于展览或项目的内心感受。这个时候，如果访谈者突然询问其关于展览或项目的观点，他们可能会头脑一片空白。然而在谈话性的访谈中，参与者能有时间思考、探讨甚至有时候还能否认他们的观点。他们能逐步明确自己的感受，进而提供有用的见解。此外，这样开放式的访谈还能让评估人员积极适应个体差异和周围环境。

但非正式谈话访谈也存在缺点。一些参与者可能很容易接受暗示，他们能很快判断访谈者可能想听到的内容。这种参与者可能会刻意回答其认为访谈者希望听到的东西，而非其真实思想或感受。还有一些参与者的想法或观点不稳定，可能在谈话性访谈中不断改变观点。此外，通过非正式谈话访谈采集的数据可能无法分析，因为对不同的人提出的问题不同，因此回答也不同。尽管存在这些缺点，非正式谈话访谈依然是获取观点和初步印象的重要工具。

## 三、半结构化访谈

另一种访谈方式是半结构化访谈（semi-structured interview）。

在半结构化访谈中，访谈者将确定访谈主题和问题，但如何提出问题将待后续自由发挥。你可以确定一系列的访谈主题，但可以根据具体的访谈环境来确定提出问题的方式。半结构化访谈尤其适用于对小孩的访谈。抛出相同主题的访谈问题后，因每个小孩的语言能力不同，或者英语并非其母语，可能并非所有小孩都能明白相同的词汇。通过半结构化访谈，研究人员可以用更简单易懂的词汇提出问题，或用多个不同的方式提出同一个问题。一个有用的方法是提前制定主题列表、确定访谈问题。

一种半结构化访谈形式是焦点小组访谈。焦点小组指的是具有某种相同特征的参与者组成的群体，可能是相同的兴趣爱好、相同的经历或都属于某个社会群体。访谈目的通常是了解某一特定受众对具体项目的反馈，通过群体互动而产生的数据不太可能出现在单独访谈中。这类访谈的缺点是，个人可能不愿意表达群体中其他成员不赞同的观点。

另一种形式是专家小组，小组成员是掌握与展览或项目有关的专业知识或有特殊经历的一群人（Fischer，1997）。例如，在一个艺术博物馆进行的研究中，安德鲁斯（Andrews，1979）邀请了 12 个高中生组成专家小组。这些高中生帮助研究人员对从 520 位青年人手中回收的调查问卷作数据分析。研究人员还询问这些学生在博物馆中最好及最坏的经历、学校和博物馆的关系、他们对博物馆参观的看法、他们对不熟悉的艺术作品的感受等。这些“学生专家”坦诚地告知研究人员年轻人的教育重点和特殊兴趣。通过这种方式，专家小组不仅为评估提供信息，还协助研究人员理解数据。

## 四、结构化访谈

在所有的访谈类别中，结构化访谈最适合进行统计分析。在结构化访谈中，问题和回答类别是提前确定的，这样便能对众多参与者的回答进行汇总和分析。与其他所有类型的访谈一样，结构化访谈的问题将极大影响参与者的回答方式。如前所述，将回答分为几个类别（范围）会更有助于参与者回答，而不是让其回答具体内容。如果在访谈中提供分类选项，最好辅以书面形式，这样参与者无需耗费精力记住问题。这种标准化的访谈方法能将访谈者的影响降至最低，因为对所有受访者的提问内容完全一致。此外，这种访谈方法还能简化数据分析。但是结构化的访谈不允许评估人员在访谈中涉及预期以外的主题，也不能根据参与者的反应调整问题。即使参与者需要对问题进行解释，研究人员也应提前准备好统一的应答模板（比如你能告诉我更多相关信息吗?)，以获得一致的信息。

旧金山湾区的几家博物馆发起了一个综合访谈项目，旨在提高对该地区多元文化的了解（Museum Management Consultants, Inc. & Polaris Research and Development，1994）。作者共访谈了湾区 1 697 人。他们从购买的号码簿中随机拨打电话，为了获得足够的有效受访者，他们共拨打了 15 313 通电话。

研究人员在选择参与者时，有具体的标准（如必须是 18 岁以上的成年人，至少参观过一次博物馆）。他们提前与少数参与者进行访谈测试，再由接受过双语训练的访谈者通过电话对受访者进行访谈。这些访谈者能讲英语、西班牙语、广东话、普通话或塔加拉族语。访谈问题包括封闭式和开放式，还有关于受访者人口特征的问题。例如下面这个封闭式问题，访谈者向受访者阅读了问题及选项：

你通常与谁一起去参观博物馆？可能是：

1. 一个朋友

2. 家人

3. 配偶或伴侣

4. 你自己

5. 一群人

再提出开放式问题，访谈者立即将回答进行分类。在以下示例中，研究人员未向参与者朗读答案选项：

哪些因素促使你常去参观博物馆？（可能的答案；不朗读）

1. 交通便利

2. 展览有关本族群文化

3. 参观费用低

4. 有托儿服务

5. 为家人提供更多活动

6. 错峰出行

7. 无

8. 空闲

9. 其他________________

10. 不知道

11. 拒绝回答

还有一些绝对开放式的问题：

当提及“博物馆”时，首先想到的是什么？

此外还有包含评分表的问题：

我将读一份博物馆观众服务设施的清单，请告诉我下列服务对你的重要程度：非常重要(4)，重要(3)，有点重要(2)，或不重要(1)。

| | | | | |
|---|---|---|---|---|
| a. 能够回答你问题的人 | 1 | 2 | 3 | 4 |
| b. 展览信息和周边交通 | 1 | 2 | 3 | 4 |
| c. 游客地图及标志 | 1 | 2 | 3 | 4 |
| d. 使用除英语外的其他语言 | 1 | 2 | 3 | 4 |

最后几个问题对于研究是必要的，也是涉及隐私的问题：

你出生在哪个国家？你已经在这个国家居住了多久？你的父母出生在哪个国家？

通过多样的问题类型、严谨的参与者选择以及经验丰富的访谈者，作者获取了关于多元文化群体体验博物馆的全面信息。通过开展此类研究，整个地区的博物馆可以了解其受众类别，并思考如何扩大受众群体。

## 五、提问

访谈质量在很大程度上取决于提问方式。问题应不存在偏见，允许参与者按照自己的想法回答。例如：问参与者“你喜欢这个展览的哪些部分”，即假设他们喜欢某种事物；问参与者

“你今天来参观博物馆是为了与家人共度时光吗”，即假定了回答。确定访谈问题的难点是，确保参观者能够理解你的问题并在不受你直接影响的情况下给出信息。

要提出好的问题，可以先思考参与者需要做什么才能回答你的问题。回答看似简单的问题可能会出乎意料的困难，需要的时间比评估人员最初预期的要长得多。一个看似很简单的问题：过去一年你去过几次博物馆？但其实这并不容易回答。首先，参与者需要在一年之中可能发生的成千上万件事情中想起一件相对罕见的事（参观博物馆）。要准确回答这个问题很难，即使参与者能够想出答案，也可能需要相当长的时间。此外，不同参与者可能对“博物馆”和“参观”这两个词有不同的定义。短暂的参观算一次吗？多次参观同一博物馆算吗？参与者如何定义“过去一年”——是日历年还是过去12个月？看似简单的问题往往不那么容易回答。

此外，提问的方式会大大影响参与者思考问题。例如，还是前面参观博物馆次数的问题，我们要求参与者使用一个量表来提供答案，而不是简单地给出一个数字。假设这个量表如下：无、1—3次、4—6次、7—9次、10次或10次以上。

量表的存在提供了大量信息，即使参与者和访谈者可能都没意识到在交流信息。例如，“10次或10次以上”这个选项的存在表明，一些参观者经常去博物馆。这种信息可以改变人们搜索自己记忆的方式；特定类别回答的存在可以作为认知锚，使人们对事件的记忆产生偏差。在前面的例子中，“10次或10次以上”这个类别的存在可能会引导参与者说出比直接要求他们给出一个估计数字更高的博物馆参观次数。

探索性问题或后续问题可以深化参与者最初的回答，尤其是在非正式谈话访谈和半结构化访谈中。注重细节的追问侧重于基本的谁、何地、什么、何时以及如何发生等要素，以收集更多的详细信息（即何时发生、谁牵涉其中，以及你为什么要那样做等等）；具体情况的追问则鼓励参与者继续说下去，包括点头或确认你在听（嗯哼）等简单的细节，或者询问“你能多说点吗?”和“那很有用，你能说得更详细点吗?”之类的问题。

在较长的开放式或半结构化访谈中，你可以按照自己的理解重复受访者的回答。这样的概括有助于你在与参与者对话时，站在说话人的角度去理解。这可以作为一种信度检查。通常，这样会促使说话人对原来的陈述加以润色或澄清。你可以用下列语句开始概括：“我想确认一下您刚才说的是……”或者“您刚说的是不是这个意思……”

有时，参与者很难回答访谈中的直接性问题。回答假设性问题，或者描述图片中一个人的感受，可能会更容易些。用这样的技巧可以使参与者将他们的感受和想法投射到想象的情境、图片或无生命的物体上。例如，你可以问“你认为其他参观者会觉得哪部分比较难?”“你会如何向你的朋友描述这次展览?”，而不是问参与者对于他/她来说很难的事情。这样在受访者与回答之间增加一点距离，可以提升参与者的舒适度。同样，还可以使用绘画或照片帮助参观者想象他们被要求讨论的情境。罗森菲尔德（Rosenfeld，1982）将这些称为“图片刺激性问题”（见图 7.1）。

个人意义映射（personal meaning mapping，PMM）是另一种有用的访谈提问策略。个人意义映射建立在概念映射的基础上。概念映射是诺瓦克（Novak，1977）提出反映学生学习新科

**图 7.1　罗森菲尔德在劳伦斯科学馆实验性迷你动物园项目中使用的图片，用于图片刺激性问题**

学知识的一种方法。斯托克斯迪亚克和法尔克（Storksdieck & Falk，2005）采用了这种方法来衡量非正式学习环境中的观念转变情况。应用时，给每个人一张纸，纸中间有线索提示词、短语或图片（如生物），然后要求他们在纸上尽可能多地写下与线索相关的话语或想法。这些回答构成开放式访谈的基础。在开放式访谈中，请他们解释为什么会写这些内容，并详述他们的想法和观点，随后记录这些回答。如果用个人意义映射来测量态度变化，那么个人在受到某教育引导之前和之后都要进行上述过程，接着从四个编码维度（程度、广度、深度和掌握度）来进行前后比较。

这个方法把个人的认知、观点和语言作为访谈的出发点。然后将定性回答编码成不同的类别，并对数据进行定量分析。在关于印第安纳波利斯儿童博物馆骨区展览的总结性评估中，评估人员使用了个人意义映射，以理解参观者的观展体验如何促进他们对骨骼生物学及文化的思考（Luke et al.，2002）。进入展览前，参观者针对“骨骼”这个简单的提示作出回答。离开后，参观者对他们最初分享的内容进行添加、删除或修改。比较参观展览前和参观展览后的回答表明，参观者在参观完展览之后，有了更多的词汇来讨论这个话题，而且更有可能把骨骼与展览的核心知识点——营养联系起来。

阿克列（Acklie，2003）使用了类似的投射技术，称之为关系图（relationship maps），来衡量“了不起的女性科学家”行为榜样的影响。在这个项目中，中学生观看一位女科学家的视频，然后参加一些与她的研究相关的活动（Diamond et al.，1996；Spiegel et al.，2005）。阿克列给每个研究对象一张图纸（图纸中间有一个小圆圈），然后让孩子们把他们自己放在这张图纸的中心，像太阳一样。随后让他们在图纸上写出他们生活中重要的人的姓名：将最重要的人放在最接近图纸中心位置；将影响越小的人放在越远的位置，然后在图纸上他们最想成为的人旁边标一颗星星。最后，每人发一张小贴纸（贴纸上有了不起的科学家的面孔），要求将贴纸贴到图纸上，然后解释为什么他们要把贴纸放在那个位置。最后访谈者就这些图纸对研究对象进行访谈。对这些图纸的分析结果表明，孩子们与“了不起”系列中的科学家之间形成了不同层次的关系。

## 六、问卷调查指南

当你让参与者回答纸上或电脑上的问题时，这通常被称为问卷调查或调研。问卷调查有时优于访谈，因为可以将问卷分发给参与者而无需评估人员参与，评估人员影响参与者回答的可能性也就更小。但是，问卷调查的缺点在于，没有办法弄明白参与者的回答，而且往往没办法验证这些回答的准确性。

为了确保参与者充分理解问卷上的问题，应事先对问卷进行预测试。测试初版问卷时，可以让参与者谈谈对问题的理解，或者分析他们的回答，看是否有歧义。记录参与者填写问卷所需的时间，以便确定问卷的长度是否合理。也可以先用访谈的形式把问卷上的问题过一遍，因为可以让参与者重复他们的答案，有助于理解。以上测试环节的结果就可用于进一步改善问卷问题。

与访谈一样，问卷调查中语言的措辞会影响参与者的回答。罗杰·迈尔斯（Roger Miles）及其同事有如下观点：

> 问卷调查中所使用的实际措辞非常重要，很容易偏技术性，或者采用某种固定的表达方式。但实际上，问题的措辞应该不带有技术术语（当然，除非它是为技术人员而写的），应清楚明了且切中要点。编写调查问卷的基本原则是，预想

填写对象，使用对他们而言可理解且合适的语言。（Miles et al.，1988，p. 161）

在问卷的开头，简要说明研究目的和资助机构，同时还需书面列明知情同意书。如果问卷调查对象是儿童、残疾人或其他特殊人群，可能需要对其知情同意进行特殊考虑（参见第四章）。若是将问卷邮寄给调查对象，则要在其中放一份情况介绍信。

尽量减少填写问卷的时间。一般来说，填写问卷所花的时间越长，选择回答的人就越少。尽量让填写问卷的过程成为愉快的体验，而不应该感觉像在考试。毕竟你是要让参与者给你一些有价值的东西——他们的时间和信息。愉快而有趣的调查本身就是一种奖励。对于儿童，要让问卷调查变得有趣其实很容易，比如可以用快乐和悲伤的小表情作为选项，或是使用颜色鲜亮的纸张并在边缘加一些合适的小图形（尽管问卷一般不应该如此凌乱，因为凌乱可能会削弱个人的阅读或回答能力）。你也可以考虑为参与者提供一些小奖励，一张免费入场券、一张海报、一根带商标的别针或铅笔，或者一次会员折扣，这些都能让参与者乐于花时间。

最常用于博物馆的问卷调查类型之一是人口统计调查（Hooper-Greenhill，1994；Hood & Roberts，1994）。这种调查通常涉及受众的性别、儿童的年龄、对所研究机构的体验（如参观次数）、教育背景、对该机构的感兴趣程度等。人口统计调查不得要求提供诸如参与者收入、居住地、宗教或政治信仰等个人信息，除非是研究所必需的。一般来说，要求提供参与者真实背景信息或对某个话题看法的人口统计调查最准确，而要求提供详尽的定量信息（例如，你今天参观动物园花了多长时间？或者，你参观过多少展览？）的人口统计调查最不准确。参与者可能对自己的身份和感受有清晰的认识，但他们对时间和具体数量的估计往往很差。

非正式教育环境下开展的人口统计调查中的常见问题有：

> 你之前参观过多少次？
> 在过去12个月里，你参观过多少次？
> 你是在什么时候计划的这次参观？
> 为什么今天你会来参观呢？
> 你如何得知（这个机构或项目）？
> 你打算参观多久呢？
> 你有计划去看任何特定展览或活动吗？
> 你希望在参观过程中做什么事或看到什么？
> 你记得参观过哪些展览吗？
> 你还记得最让你感兴趣的那次参观吗？
> 你住的地方离这儿（相关机构）有多远？
> 你的车停在哪里呢？
> 你和谁一起来的呢？
> 你是做什么工作的？
> 你是什么文化程度？
> 你的学习或工作背景与该机构相关吗？
> 你属于哪个年龄群体？
> 你属于哪个性别群体？

有时，选项的顺序会影响参与者的选择。萨伦特和迪尔曼（Salant & Dillman，1994）指出，通常参与者在填写问卷时，倾向于选择第一个答案。而在电话或面对面访谈中，他们又倾向于选择最后一个答案。如果他们一直选择第一个答案，那么需要改变选项顺序。如果答案选项是“更多”“差不多”或“更少”，那么要确保各三分之一问卷的第一选项都不一样。

尽可能用让别人容易回答的方式来提问。有时回答一个笼统的问题非常困难。例如，不要问“你会花多少钱参观博物馆?”相反，你可以这样问：

以下内容你分别会花多少钱?

球幕影院 ______美元

教育课程 ______美元

IMAX 影院展示 ______美元

使用互动工具包 ______美元

进入发现屋的门票 ______美元

普通门票 ______美元

问卷回收方式要简便。如果你希望参与者在博物馆填写问卷，那么要为他们提供一个舒适的地方来回答问题。也可以使用 Survey Monkey 或 Qualtrics 等工具，通过网络或社交媒体收集调查结果。

与访谈一样，如若必须得问私人问题，则将它们放在调查问卷的最后。询问参与者他们是否想看到调查结果的报告，并留出空间让他们提供姓名和地址，以便你可以回复他们。最后，一定要感谢参与者花时间参与调查。

## 七、问卷问题

问卷调查与访谈一样，可以定性，也可以定量。定性问卷调查法是开放式的：参与者可以按照自己的方式回答问题，用自己的话来表达想法。可以让参与者提出自己的问题，甚至可以让他们以画画的方式回答。通常成人更喜欢在电脑上输入答案，而不是手写；但对于年龄较小的儿童，打字是不实际的。

定量问卷调查往往更结构化。问题可能包括不同的答案选项，以便对调查结果进行有效分类。有些问题最好提供不同的类别选项。更多关于类别选项的详细讨论，请参见德维利斯的相关论述（DeVellis，2003）。

一些问卷会有一个评级量表，列出1—3或1—5的数字，每一个数字代表一个值：

高中时你对什么感兴趣？（圈出你的回答）

| | 一点也不 | | 稍微 | | 非常 |
|---|---|---|---|---|---|
| 人或朋友 | 1 | 2 | 3 | 4 | 5 |
| 体育运动 | 1 | 2 | 3 | 4 | 5 |
| 科学、数学或技术 | 1 | 2 | 3 | 4 | 5 |
| 政治或社会问题 | 1 | 2 | 3 | 4 | 5 |
| 艺术或音乐或戏剧 | 1 | 2 | 3 | 4 | 5 |
| 阅读或文学 | 1 | 2 | 3 | 4 | 5 |
| 其他______________ | 1 | 2 | 3 | 4 | 5 |

你在多大程度上同意或反对下列说法？________

1. 强烈反对

2. 有点反对

3. 不反对也不同意

4. 有点同意

5. 强烈同意

你如何评价________？

1. 较低

2. 低

3. 中等

4. 高

5. 完美

圈出最能表达你对________的感受的数字。

| 条理清晰 | 6 | 5 | 4 | 3 | 2 | 1 | 杂乱无章 |
|---|---|---|---|---|---|---|---|
| 有趣 | 6 | 5 | 4 | 3 | 2 | 1 | 无聊 |
| 有价值 | 6 | 5 | 4 | 3 | 2 | 1 | 无价值 |
| 优异 | 6 | 5 | 4 | 3 | 2 | 1 | 差劲 |

请评估一下这个项目对你的价值。

一点也没用

有点用

非常有用

对于你来说，________有多重要？

非常重要

有点重要

不大重要

不需要

有时，参与者更多地选择中立值。这时可以将量表设计成1—4，这样便没有中间选择。还可以根据实际情况设置“不回答”（NA）选项，或“其他”选项。对于几乎完全由封闭式问题组成的问卷，可以使用装有 FileMaker Pro、Qualtrics 或 Google Forms 等软件的平板电脑，有效收集数据。这样便节省了将纸笔回答复制到电脑的工作，而且会减少转录错误。

定性问卷调查与定量问卷调查之间最大的区别在于呈现结果的方式。对于定性问题，研究人员要么以叙述形式总结一般趋势，同时全文记录不同类型的回答；要么对所提供的回答进行分类，来确定所有参与者的模式和趋势。在定量问题中，则对结果进行分类、描述，并使用统计方法来分析结果。例子请参见表 7.1 和表 7.2。也可以在同一次问卷调查中同时使用定性法和定量法，揭示一般趋势，同时观察个体差异。

**表 7.1　由美国国立卫生研究院资助的“病毒世界”项目评估人员艾米·施皮格尔对高中学生开展的前端调查**

**“病毒世界”调查**

1. 哪里可以找到病毒？（勾选所有适用项）

_____动物身上　_____植物上　_____土壤中

_____空气中　_____海洋中　_____其他（请描述）：_______

2. 请描述一种病毒（什么病毒？做什么的？）。

3. 病毒如何起作用（如果有）？

4. 在下列图片中，圈出你认为是病毒的一项或多项。

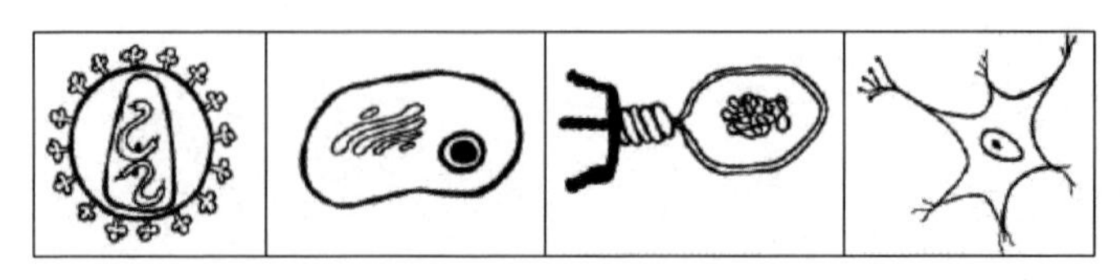

5. 请解释你为什么要选择你所圈的图片。

6. 病毒是如何让你生病的？请解释你的回答。

7. 请尽你所能地描述现代疫苗如何帮助预防疾病。

8. 为了更好地了解病毒，你会问病毒专家哪个/哪些问题？

<table>
<tr><td colspan="2">9. 你的年龄是？______岁</td><td colspan="4">10. 你的性别是？ 女 男</td></tr>
<tr><td colspan="2">11. 请选择你最接近的族群类别：</td><td colspan="4">12. 请选择你最接近的一个或多个族群类别：</td></tr>
<tr><td rowspan="2">西班牙裔或拉丁裔</td><td rowspan="2">非西班牙裔或拉丁裔</td><td colspan="2">白人</td><td colspan="2">亚裔</td></tr>
<tr><td>美洲印第安人或阿拉斯加原住民</td><td colspan="2">夏威夷土著或其他太平洋岛民</td><td>黑人或非裔美国人</td></tr>
</table>

感谢您的回答！

**表 7.2 海姆利希、克普夫勒和约克欧（Heimlich，Koepfler & Yocco）2010 年为美国国家科学院玛利亚·考斯兰特科学博物馆（Marian Koshland Science Museum）开展的全球变暖展览做前端调查**

## 全球变暖游客调查

考斯兰特博物馆需要你的帮助！我们正在更新我们的全球变暖展览，想听听你的想法。请用 5—10 分钟填写这份问卷。你的评论是匿名的。

**参观考斯兰特博物馆（Koshland Museum）**

1. 你平均每年会参观与科学相关展览的博物馆多少次？

□ 很少

□ 一年 1—2 次

□ 一年 3—5 次

□ 一年 6 次或以上

2. 请选择最能描述你今天参观博物馆的原因（请选择一项）：

□ 我喜欢这里能学到知识

□ 我想带朋友或家人来这里

□ 我能在这里找到与自己相关的内容

□ 它是我在华盛顿哥伦比亚特区必打卡点之一

□ 这与我的专业兴趣和/或爱好有关

□ 别人建议我来这里的

□ 其他原因：请描述________

3. 在今天来参观之前，你知道这里会举办一场与全球变暖有关的展览吗？

☐ 否

☐ 是

☐ 不确定

4. 在今天来参观之前，你看过考斯兰特网站上“全球变暖与我们的未来”展览信息吗？

☐ 否

☐ 是

☐ 不确定

**了解全球变暖**

5. 你认为谁的行动对阻止全球变暖最重要？（请只选一项）

☐ 个人

☐ 政府

☐ 行业领导者

6. 请从下面的列表中，选 3 个（或以下）你最信任的**全球变暖**信息来源：

☐ 地方政治人物（市长、州长）

☐ 各大新闻报纸（《华盛顿邮报》《纽约时报》）

☐ 企业研究人员（能源公司）

☐ 博物馆和科学中心

☐ 环保主义者组织（绿色和平组织、塞拉俱乐部）

☐ 互联网来源

☐ 国家政治人物（总统、国会议员）

☐ 公共广播电台（美国国家公共广播电台）

☐ 非政府组织（世界野生动物协会、美国国家科学院）

☐ 电视来源

☐ 政府科学家和研究人员（美国国家航空航天局、美国环保署）

☐ 我不信任这些来源的信息

7. 请从下面的列表中，选 3 个（或以下）你最常用的**全球变暖**信息来源：

☐ 地方政治人物（市长、州长）

☐ 各大新闻报纸（《华盛顿邮报》《纽约时报》）

☐ 企业研究人员（能源公司）

☐ 博物馆和科学中心

☐ 环保主义者组织（绿色和平组织、塞拉俱乐部）

☐ 互联网来源

☐ 国家政治人物（总统、国会议员）

□ 公共广播电台（美国国家公共广播电台）
□ 非政府组织（世界野生动物协会、美国国家科学院）
□ 电视来源
□ 政府科学家和研究人员（美国国家航空航天局、美国环保署）
□ 我不使用这些来源的信息

8. 请指出你在多大程度上同意下列说法：

| | 强烈反对 | | | | | 强烈同意 | |
|---|---|---|---|---|---|---|---|
| 我对学习与全球变暖有关的话题非常感兴趣 | 1 | 2 | 3 | 4 | 5 | 6 | 7 |
| 我非常了解与全球变暖有关的话题 | 1 | 2 | 3 | 4 | 5 | 6 | 7 |
| 我认为全球变暖是个很严重的问题 | 1 | 2 | 3 | 4 | 5 | 6 | 7 |
| 我认为需要立即采取行动应对全球变暖 | 1 | 2 | 3 | 4 | 5 | 6 | 7 |

**你对全球变暖的想法**

9. 请指出你在多大程度上同意下列有关全球变暖的说法：

| | 强烈反对 | | | | | 强烈同意 | |
|---|---|---|---|---|---|---|---|
| 我认为全球变暖这个问题太大，我的行动并不能影响它 | 1 | 2 | 3 | 4 | 5 | 6 | 7 |
| 我愿意在经济上为相关组织提供支持，帮助阻止全球变暖 | 1 | 2 | 3 | 4 | 5 | 6 | 7 |
| 在减缓或阻止全球变暖方面，我能做的很少 | 1 | 2 | 3 | 4 | 5 | 6 | 7 |
| 我可以通过写信、发电子邮件或打电话来影响地方官员为全球变暖做些事情 | 1 | 2 | 3 | 4 | 5 | 6 | 7 |
| 我愿意为相关组织提供志愿服务，帮助阻止全球变暖 | 1 | 2 | 3 | 4 | 5 | 6 | 7 |
| 我愿意做出个人改变，帮助阻止全球变暖 | 1 | 2 | 3 | 4 | 5 | 6 | 7 |
| 我所在地区的当地政府在解决全球变暖问题上没有起任何作用 | 1 | 2 | 3 | 4 | 5 | 6 | 7 |

| | | | | | | | |
|---|---|---|---|---|---|---|---|
| 我们投票选出来的政府官员会影响解决全球变暖的方式 | 1 | 2 | 3 | 4 | 5 | 6 | 7 |
| 我无法影响政府与全球变暖相关的行动 | 1 | 2 | 3 | 4 | 5 | 6 | 7 |
| 我不担心全球变暖，因为会有新技术来解决这个问题 | 1 | 2 | 3 | 4 | 5 | 6 | 7 |

**全球变暖与你**

10. 对于以下说法，请在最符合你的回答方框中划"√"。（每种说法只选一个回答。）例如，如果你知道某件事，但并没有做，你要在"我知道这件事"项下划"√"。如果你一直考虑做这件事，但尚未开始做，你要在"我一直在考虑做这件事"项下划"√"。

| | 我决不会做这件事 | 我知道这件事 | 我认为这是个好方法 | 我以前就是这么做的 | 我无法做这件事 | 我一直在考虑做这件事 | 我计划不久就做这件事 | 我做这件事：偶尔 | 我做这件事：经常 |
|---|---|---|---|---|---|---|---|---|---|
| 我回收东西，如瓶子、罐子和报纸 | □ | □ | □ | □ | □ | □ | □ | □ | □ |
| 我在电视、出版物或互联网上寻找有关全球变暖的信息 | □ | □ | □ | □ | □ | □ | □ | □ | □ |
| 我和其他人谈论全球变暖问题的重要性 | □ | □ | □ | □ | □ | □ | □ | □ | □ |
| 我使用除汽车以外的其他交通工具，以减少碳排放 | □ | □ | □ | □ | □ | □ | □ | □ | □ |
| 我购买本地（我家方圆100英里内）生产的食品 | □ | □ | □ | □ | □ | □ | □ | □ | □ |
| 为了帮助减少全球变暖，每周只吃两次肉 | □ | □ | □ | □ | □ | □ | □ | □ | □ |

| | | | | | | | | | |
|---|---|---|---|---|---|---|---|---|---|
| 我购买对环境友好的家用电器（如能源之星） | ☐ | ☐ | ☐ | ☐ | ☐ | ☐ | ☐ | ☐ | ☐ |
| 我会少买消费品，以减少浪费 | ☐ | ☐ | ☐ | ☐ | ☐ | ☐ | ☐ | ☐ | ☐ |
| 我在冬天把恒温器的温度调低至少 2（华氏）度，以节省能源 | ☐ | ☐ | ☐ | ☐ | ☐ | ☐ | ☐ | ☐ | ☐ |

**请告诉我们更多关于你的信息**

这些信息有助于博物馆了解它是否服务于多元群体。

11. 你是：

☐ 女　　☐ 男　　☐ 宁愿不回答

12. 你出生于哪一年？（比如 1982 年）

____ ____ ____ ____年

13. 你的最高学历是？

☐ 高中

☐ 专科/本科

☐ 硕士或以上

☐ 其他：________

☐ 宁愿不回答

14. 你现在住在哪里？

☐ 当地（环城高速公路内）

☐ 与华盛顿哥伦比亚特区毗邻的州（含马里兰州、弗吉尼亚州）

☐ 其他州（不邻近华盛顿哥伦比亚特区）

☐ 另一个国家，请说明：________________

非常感谢你花时间完成这个调查。祝你参观愉快！

## 八、网络问卷调查

过去十年中，调查方法的最大发展可能是在线自填式问卷收集数据。

可以通过 Survey Monkey、Qualtrics、Google Forms 或 Vovici 等软件设计网络问卷，从而消除对纸笔的依赖。根据迪尔曼、史密斯和克里斯丁（Dillman，Smyth & Christian，2014）的观点，网络问卷的功能超越任何其他类型的自主性问卷的功能。

然而，与纸笔问卷一样，设计网络问卷需要考虑几个重要的因素（Dillman，Smyth & Christian，2014）：

- 欢迎界面有积极的气氛，强调回答容易、轻松，并指导参与者如何跳转至下一页。请记住，有些参与者可能在如何回答网络问卷，甚至如何操作计算机或平板方面的经验有限。重要的是要让参与者知道如何开始第一组问题。
- 如果需要书面知情同意，则应有一页清楚地解释这个过程的完整程序，积极鼓励参与者在问卷开始之前表示同意。
- 力求图表和设计简单。参与者使用的操作系统不同，问题的呈现形式可能就会不同。设计越复杂，就越有可能使问题呈现方式不一样。
- 具体说明如何用计算机操作回答问题。例如，参与者如何选中答案选项的下拉菜单？使用鼠标、键盘还是触屏来勾选方框？这些操作对有经验的计算机用户来说很简单，但是并不能保证所有问卷填写者都会使用，甚至可能导致参与者放弃填写问卷。

- 让参与者了解问卷填写的具体进程（即，30 个问题中的第 4 个问题），以便他们能够估计离问卷结束还有多久。
- 所有问卷（包括网络问卷）都需要进行前期测试，保证说明和问题选项易于理解且无歧义。

# 第八章　呈现和分析数据

我们讨论了评估研究的设计、学习效果的衡量和数据收集的方法。在这一章中，我们将转向讨论呈现和分析数据的过程。从一开始就想清楚你想用数据来做什么，这样能使评估过程与目标保持一致，方便你能以最明确、最有用的方式展示数据。

如果你已经收集了定量数据，那么分析时经常使用图形、表格和统计技术来总结和描述你的调查结果。如果你收集了定性数据，那么使用描述性文字、原文引用、逐字描述、图画、照片和其他材料来反映和加强主题。通常，评估研究同时会使用定量和定性法，而数据的呈现和分析也同时包括描述性文字和统计处理。

## 一、根据数据绘制图表

数据分析应从图基（Tukcy，1977）提出探索性数据分析（exploratory data analysis，EDA）开始。探索性数据分析的目标是，通过构建图表、表格、图形或列表来了解数据。探索性数据分析可以在进行验证性统计检验之前让你了解数据的大致内容。例如，如果你想了解参观某一个展项所花的时间，那么绘制数据点的图表可以显示出某种模式，这是简单取平均值所无法表达的。例如，图表可以显示，大多数参观者只花几分钟，但有些参观者却会花一个多小时。

## 绘制数据图

呈现探索性数据分析最常用的方法，是将定量数据绘制在图表上，从而使数据模式在视觉上变得清晰明显。图表的选择取决于基础数据的性质。条形图是最简单的方法，纵轴表示因变量的大小，横轴表示自变量的类别。

当多个类别在一个维度上形成连续的系列，条高表示每类观察结果的数据或比例时，条形图又称为柱状图（histogram）。柱状图能显示出变量的分布细节（见图 8.1）。线形图载入各个数据点，以显示连续数据的趋势。图 8.2 绘制出了在参观博物馆的整个过程中所发生的所有行为。散点图（见图 8.3）则能说明两个连续分布的变量之间的关系。

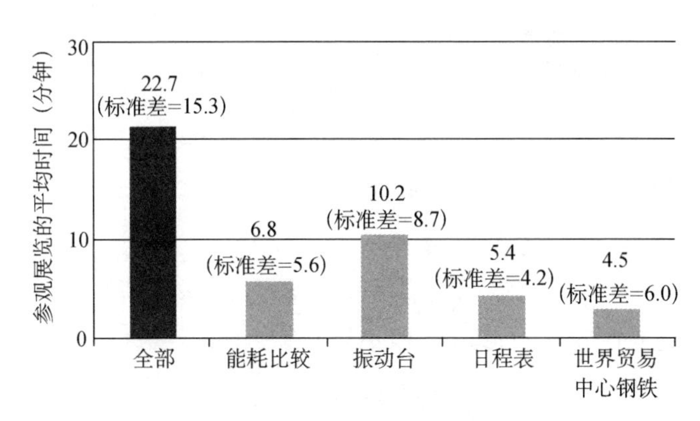


**图 8.1　由学习创新研究院设计的自由科学中心摩天大楼展览的参观时间表**

（来源：新泽西州泽西市展览与特色体验部自由科学中心）

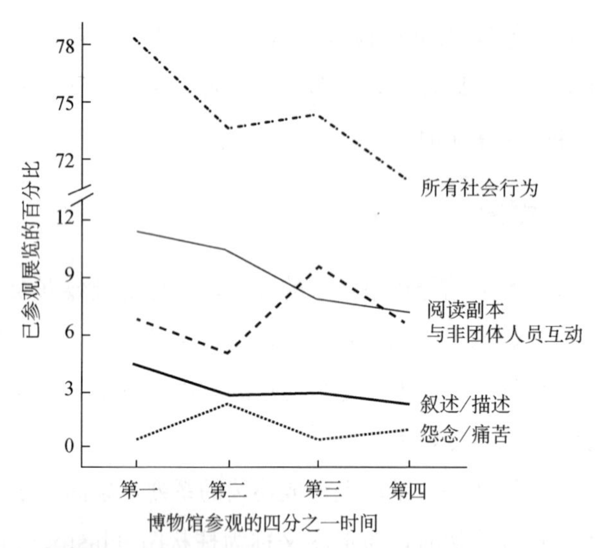


**图 8.2　戴蒙德（Diamond，1986）展示 28 个家庭共 81 人参观旧金山探索馆和劳伦斯科学馆时各种行为的平均频率图**

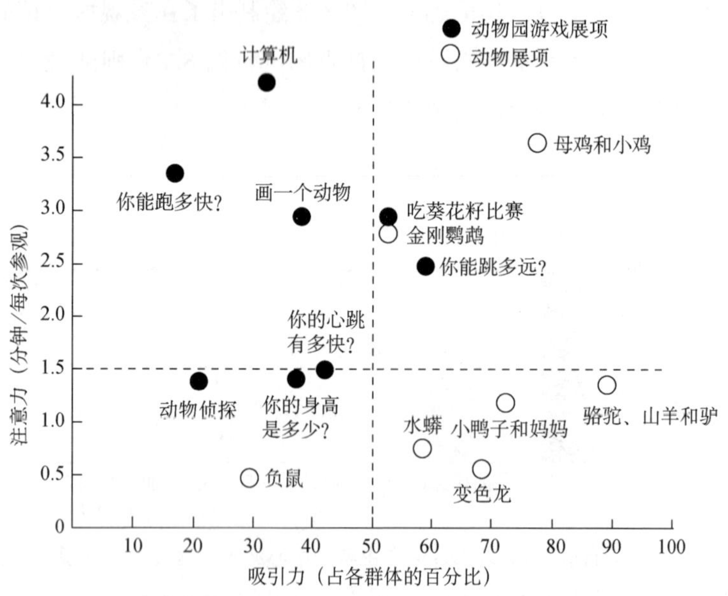


**图 8.3　罗森菲尔德（Rosenfeld，1982）显示动物园中各展项的“注意力”和“吸引力”等级的散点图**

还有一种图表叫作饼状图。这类图只能用于数据表示整体的一部分（如所占百分比）。塔夫特（Tufte，1983）等人通常不建议使用饼状图，因为与其他类型的图表相比，它们所包含的数据信息较少。而且它们可能在感知上存在欺骗性，因为它们不能按照单一的视觉维度对数字排序。饼状图传递的数据信息，通常用简单表格或只用文字就能有效分享。

信息传达得好的图表需要规划和组织。图例应简明扼要，包括标题、数据的简要说明以及参与者的人数等。在报告中，应用数字标识图表，并始终将该数字和图例放在图表下方（如果是表格，则数字和图例在其上方）。

即使在没有额外文本信息的情况下，图表也应具有可读性，要让即使对主题不熟悉的人也能仅根据图表和图例内容进行解读。科斯林（Kosslyn，2006）对如何设计高质量的数据图进行了全面的回顾。根据克利夫兰（Cleveland，1985）的观点，为数据绘制图表应是一个迭代的实验过程。他提出了一些指导原则：

- 突出数据。使用视觉上突出的图形来显示数据，突出数据的表现力。不要过多地使用数据标签、注释、图例或标记来打乱数据区域。
- 将图例和标记放在数据区域之外，将注释放在图例或文本中。图表应足够清晰，不管在缩小或复制时都能保留核心信息。
- 比例尺是我们绘制图表时的标尺。选择合适的比例尺，使数据显示更合理。刻度标记的范围要尽可能纳入全部数据，将刻度标记放在数据区域之外。在比较两张图表时，要考虑其相应的比例尺。

- 没必要总是把零放在比例尺上。如果确实需要使用零，确保轴线不会覆盖数据点。如果这是个问题，那么沿着轴稍微移动零点，这样更方便看到数据点。
- 如非必要不中断尺度。如果无法避免中断，则不要将中断两端的数值连起来。

## 二、用表格汇总数据

表格是汇总报告数据的一种有效方式。表格不能代替图表，因为它们几乎不能传达数据的复杂模式和趋势。但表格也有优势——它们可以包含某个特定主题的所有数据。表格也是显示精确数值的最佳方式，因此，当数据呈现需要许多本地化比较时，表格可以起到很好的作用。而且就许多小数据集而言，表格比图表更可取（Tufte，1997）。大的表格通常归入附录或补充材料中，较短的摘要报告里通常也不会出现大表格。

但在某些情况下，表格非常有用，甚至必要。在对数据进行统计检验后，表格可以呈现调查结果的简要总结。表格还可以用作比较，汇总问卷或访谈结果，或者汇总观察性研究的某个重点（参见表 8.1、表 8.2 和表 8.3 中的例子）。

和图表一样，绘制表格也需要仔细思考和组织。例如，表格应以“表（数字）”的形式列出，并应包含一个标题。图例（如有使用）应提供对数据的简要说明。可以将数据的统计检验纳入表格图例，也可以不纳入。表格编号和图例应放在表格的顶部。行文时要联系文字和表格，提醒读者在阅读文本时可同时参考表格上的信息。

**表 8.1　旧金山探索馆前讲解员对以下问题的回答：你不再为探索馆工作之后，讲解员工作在哪些方面影响了你的生活？讲解员项目对你的影响有多大？组间比较采用了方差分析。组间的显著差异得以显现（Diamond et al., 1987, p. 649）。**

| | 百分比（较高影响）（数量=116） | 额定影响（平均数和标准差） |
|---|---|---|
| 衡量讲解员项目对科学和学习的影响 | | |
| 你对事物运行的好奇心 | 80 | 4.2 (0.9) |
| 你对科学的兴趣 | 67 | 3.8 (1.2) |
| 你对自己能够理解科学的信心 | 66 | 3.8 (1.2) |
| 观看或收听科学类的电视或音频节目量 | 35 | 2.8 (1.4) |
| 在科学或科学家方面的阅读量 | 32 | 3.0 (1.2) |
| 你在学校所修或计划修的科学课程的数量 | 32 | 2.9 (1.4)* |
| 衡量讲解员项目对沟通和自我认知的影响** | | |
| 你教学的能力 | 80 | 4.2 (0.9) |
| 你对与别人合作的渴望 | 73 | 4.0 (1.0) |
| 你对自学的渴望 | 63 | 3.7 (1.1) |
| 你对自己能力的了解 | 62 | 3.7 (0.9) |
| 你的自信 | 60 | 3.9 (0.9) |
| 你在其他工作中的成效 | 50 | 3.7 (1.1) |

注：经约翰·威利父子出版公司允许转载。

* 对科学感兴趣的高中生在此项评分明显高于其他学生（$p<0.001$）。

** 女讲解员在因子 2 方面的评分明显高于（$p<0.03$）男讲解员在该因子方面的评分。

表 8.2　参观者在谢德水族馆交谈时所用的词语类别（Serrell，1977，p. 51）

| | 参观者用来描述水族馆参观的形容词* | |
|---|---|---|
| | 参观是（%） | 参观应该是（%） |
| 信息丰富的 | 49 | 58 |
| 娱乐 | 47 | 45 |
| 有教育意义的 | 47 | 60 |
| 休闲 | 34 | 25 |
| 看展览 | 16 | 7 |
| 令人失望的 | 1 | — |

注：* 由于多选，总数超过了 100%。

表 8.3　皇家安大略博物馆人类发现展厅参观者的停留时间（Alt & Griggs，1989，p. 20）

| 停留时间 | 占全部停留时间的百分比 |
|---|---|
| 最多 5 秒 | 18 |
| 6—10 秒 | 28 |
| 11—30 秒 | 31 |
| 超过 30 秒 | 23 |

注：表格基于 100 名调查对象的样本。皇家安大略博物馆允许转载。

不要试图把太多的信息放入一张表格内，这样会增加阅读难度。多个简短的表格往往比一个复杂表格更可取。一个好的表格，读者稍看几分钟就能理解。表格文字字体不应太小，普通读者不需放大镜就能轻松阅读。报告可能需要复印或打印，因此不要使用可能在黑白复印件上造成阅读障碍的阴影或颜色。

好的数据展示有一些通用的标准。塔夫特（Tufte，1983，p. 183）汇总了"使用友好型"图表的一些元素。他们通常具有以下特点：

- 措辞清晰，没有晦涩难懂的编码。
- 文字从左到右编排（而不是上下），这是阅读西方语言的常见方向。
- 解释图表的信息很少。
- 没有特殊的阴影和颜色，不需要图例。
- 图表有吸引力，能激发好奇心。
- 如要使用彩色，则仔细挑选颜色，使得色彩缺陷者和色盲者（占浏览者的5%—10%）也可以看懂图表。大多数色彩缺陷者都能把蓝色与其他颜色区分开来。
- 字体清晰、明确、适中。
- 字体分大小写，用衬线字体。

“使用不友好型”图表则具有以下特点：

- 缩略语比比皆是，需要浏览者不断在文本中检索。
- 文字是垂直的，尤其是沿着y轴；文字有多个不同的方向。
- 图表含义模糊，需要重复参考分散的文本。
- 编码晦涩难懂，需要在图例与图表之间来回转换。
- 图表充满了不必要的、令人分心的装饰（图表垃圾）。
- 图表设计未考虑色彩缺陷的观众；红色和绿色用于数据对比。
- 字体间隔太密（凝结成团），或太大、太复杂、让人分心。
- 字母全部大写，使用无衬线字体。

## 三、比较数据集

要了解更多关于数据分析的细节（包括统计计算的具体细节），可参考专业的统计类书籍。在本节中，我们将概述在选择分析方法时需要注意的问题。

首先是确定数据类型以及研究问题。非正式教育研究收集的定量数据分三类：计数、度量和比率。计数就是指某件事情发生的次数或某类别对象的数量。例如，在某个时间段年龄在 20—30 岁的女性观众数，或者询问志愿者的问题数量。计数总是大于或等于零的整数。

度量是指使用测量设备（如码尺或秒表）得到的数据。距离和时间是最常见的度量：参观者站在离展品或其他观众多远的地方？他们在每个展项上花多长时间？

第三种数据类型是比率。比率可以是参观者在整个参观过程中查看图表的次数除以所参观的展品总数。当比率在同一类的两个计数或两个度量之间时，我们称之为比例或百分比。例如，访谈问题回答“是”的人所占百分比。数据类型会决定选择何种统计检验方法。

### 描述性统计

一旦确定了要收集的数据类型，下一步就是决定如何使用描述性统计。描述性统计（descriptive statistics）是对数据的经验性总结，能提供关于整个数据集的汇总信息。描述性统计有两种：集中趋势度量（central tendency）和可变性度量（variability）。

集中趋势是指平均值。常用的集中趋势度量有三种：

- 平均数（mean）：最常见的分布中心估计值是平均数。将所有观察值中的变量值加起来，用总和除以观察值的数量。
- 中位数（median）：中位数是指构成分布中点的观察值。全部观察值中，有一半数据低于中位数，而另一半数据高于中位数。当数据不是正态分布的时候，中位数比平均数更适合作为描述符。
- 众数（mode）：众数是数据集中最常见的数字。当除以数量以求得平均数没有意义时，常使用众数，因为这个值是整数。只有当分布没有明显的集中趋势且某个值出现频率远远大于其他值时，众数才有用。

## 可变性

集中趋势是数据集的一个重要特点，但它不足以充分描述数据。比如以下两个简单的数据集：（a）10、20、30、40、50 和（b）28、29、30、31、32。这两个数据集的平均数相同，都是 30，但这个平均数并不足以描述这两个数据集，并未体现它们在可变性度量上的差别。在数据集（a）中，每个值与平均数 30 的差异都比数据集（b）中大得多。了解数据集的可变程度很重要，因为它可以告诉我们每个值与平均数的接近（或不同）程度。

可变性的一个主要度量是标准差（standard deviation）。标准差指各测量值与平均数的差别，是分布中的每个观察值与平均数的平均偏差。

## 集中趋势和可变性：正态分布或钟形曲线

在反复进行相同的测量时，得到的值并不都相同。由于随机因素，连续测量得到的数据常常并不相同。如果在不同时间对不同对象或相同对象进行测量，可变性甚至会更大。但是如果重复次数足够多，那么随机因子就会相互抵消，产生形如钟表的分布，而且在此等分布中，接近中间的值比高或低得多的值更常见。如果数据呈正态分布，钟形曲线的峰值将接近平均数，而标准差则是测量值与其平均数距离的平均值。

## 推论统计

在收集和描述数据之后，下一步是确定我们观察到的结果是否有统计上的显著性（statistically significant）。这将决定两组数据之间的差异是否会比纯粹偶然预期的要大。有很多差异是纯粹偶然的结果。比如，错把博物馆回访者归为实验组而非对照组时，两组之间的差异是由于取样错误，而不是真正的或有意义的行为差异。为了确定结果是否有超出偶然因素的影响，研究人员经常开展所谓的推论统计检验（inferential statistical tests），判断如果用不同的样本进行相同的实验，结果是否可能重复。

影响数据差异是否在统计上显著的因素有很多。一个明显的因素是两组之间集中趋势的差异程度；差异越大，其在统计上显著的可能性就越大。此外，样本的大小也会影响统计的显著性，越大的样本越有可能产生可靠的结构和统计上显著的差异。最后，两组中的可变性也会影响统计显著性，标准差越高，要证明差异具有统计显著性就越难。

统计分析主要用于解决三类问题：关于分布的问题、关于量级的问题和关于关联性的问题。有很多种统计检验，它们的使用取决于数据的类型和针对数据提出的问题。以下是几种常用的统计检验：

- 卡方检验（chi-squared test）：这是比较两个或两个以上计数分布的常用方法。卡方检验尤其适用于分析问卷或多项选择题。
- 方差分析或 $t$ 检验（analysis of variance or Student's t-test）：使用每个分布的平均数和标准差来比较计数或度量的分布。如果只对照两个类别，那么使用 $t$ 检验进行比较；如果对照组超过两个，那么使用方差分析。
- 相关性（correlation）：可用于比较度量或比率之间的关联性。计算出最能描述两个变量之间关系的直线，从而估算出一个变量对另一个变量的影响程度。当两个变量同时增减时，这个数据（即相关系数）便等于1。当一个变量的高数值与另一个变量的低数值相关联时，相关系数为−1。当变量之间不存在有意义的关联时，相关系数为0。根据相关系数和样本量，大概就能了解变量之间的关系。

## 四、定性数据

处理定性数据的方法比定量更多。本节重点介绍与定性数据分析相关的一些重要问题和流程。对于所涉及的各种步骤的详细讨论，我们推荐迈尔斯、胡波曼和萨尔德纳合著的书（Miles，Huberman，& Saldaña，2013）。正如这些作者所指出，定性数据分析涉及三个迭代和并行的阶段：（1）数据规约；（2）数据展示；（3）结论和验证。与定量分析不同的是，定性分析没有公式或固定的规则，因此要记录好三个阶段的完整过程。

## 数据规约

数据规约（data reduction）是指选择、聚焦、简化、提取和转换书面记录或转录数据的过程。在此过程中，评估人员需判断哪些是重要数据、哪些模式与研究问题最相关，以及数据能反映什么内容。数据规约并不一定意味着对数据内的模式或趋势进行量化或计数。不过在定性分析中，记住数据收集所处的大环境也十分重要。

数据规约通常采用编码的形式。编码（codes）是指赋予信息意义的标记或标签。编码通常用于“语块”上——单词、短语、句子或段落。通过为数据编码，评估人员开始整理数据、获取数据的意义。编码的创建可以是演绎的，也可以是归纳的。使用演绎法（deductive），评估人员在研究伊始就制定一套编码列表（使用概念框架或研究问题来指导这个过程）。归纳法（inductive）则更为开放，从搜集的数据中整理出编码，更能关注到数据所处的语境。

编码（coding）是指对调查对象的回答或评论进行分类的过程。人们可能会用不同的方式说相似的事情。例如，一个调查对象可能会说：“我真的很喜欢恐龙展览。”而另一个调查对象则可能说：“恐龙展览是我最喜欢的展览之一。”这两句话并不完全相同，但表达的意思相似：参观者喜欢恐龙展。编码的目的即识别这些相似信息，并在数据分析中进行相应处理。在本例中，两种情况会匹配到相同的编码，比如“喜欢展览”。研究人员通过编码，能更好地理解人们的态度、信仰或目标。

如前所述，行为也可以进行编码。例如，我们可以对参观者的行为进行编码，看他们是否与孩子交谈、与成人交谈还是保持沉默。编码以简明扼要的形式总结数据信息，这是其他方法难以做到的。

编码主要涉及对相似行为或回答的判断。编码系统必须十分可靠，能让独自编码的两个人对同一行为作出类似的判断。制定一套可靠的编码非常具有挑战性，但重要的是，所有编码员要尽可能达成一致。评估人员应在可能的情况下对每个编码进行明确的定义并提供明确的示例（包括视频示例）。编码员要独立工作，同时记录下不好判断的内容，由小组讨论作出决定。

有些软件程序可用于编码和大量定性数据的整理。大多数程序都能从现场或转录的记录入手，向数据的选择性语块分配编码，然后按照这些编码对数据进行分类。这类软件可以帮助研究人员找出不同主题之间的联系。此外，有些软件可以根据关键词或使用模式自动处理文本，但其精确度还有待考察。研究人员还能使用视频编码软件，先定义代码，将其设成下拉菜单，然后为视频的各个部分分配代码。在没有这类软件的情况下对视频进行编码，可能会是一个繁琐而缓慢的过程。

## 数据展示

定性数据通常以文本的形式呈现，包含对关键现象的叙述性描述，以及参与者的直接引语。直接引用参与对象的话可以反映更普遍的现象，也可以表明参观者如何感受和理解其所处环境，同时也能展现非正式教育环境中的个体差异。

引语可以有多种不同的用法。当需要访谈者提供一个对话背景时，可以采用问答形式。根据布雷迪（Brady，1977）的观点，问答形式为读者提供了复杂议题的精确答案，还能使研究对象与读者直接对话。但即使是问答形式有时也会模棱两可。下面是对一位刚打完拳的著名职业拳击手的访谈片段（Brady，1977，p. 208）：

> "你被他打得疼吗?"
> "上帝啊!"
> "你想再和他打吗?"
> "上帝啊!"
> "如果再和他打一场，你认为能打败他吗?"
> "上帝啊!"
> "你头受伤了吗?"
> "上帝啊!"

当话语被转述时，通常很难保持讲话人当下的感觉，转述的语言也可能会被故意曲解。比如上面这段对话，有记者转述为"麦克斯出拳很重。我不得不承认，他打中了我好几次。但我真心觉得我能打败他，我希望还有机会……"

另一方面，斯波克（Spock）在下面的例子中使用了间接引语：

> 我听到过最好玩的故事可能要属史蒂文·杰伊·古尔德

(Steven Jay Gould) 讲他第一次去位于纽约的美国博物馆的事了。给他留下深刻印象的不只是洋基队，还有他第一次参观时看到的暴龙。他说这是他生命的一个关键点。在他五六岁的时候，第一次看到暴龙，他就知道自己往后会从事与那次经历有关的事情。这对古尔德产生了影响。让他开始思考恐龙，然后是古生物学，然后是进化论。进化论是他最终研究的东西。我还认为，这次事件与古尔德后来对科普工作的高度重视有关，为此他遭到了同事们的很多批评。(Spock，1988，p. 257)

直接引用通常是传达参观者体验的最有效方式。戴蒙德和她的同事对旧金山探索馆的高中生讲解员进行了访谈。他们让讲解员谈谈博物馆项目对他们的影响：

我成长了。我在这里长大了。我原来有很多偏见。我在一个对黑人有偏见的传统家庭中长大。但这里有一个人我特别喜欢。她打破了我许多根深蒂固的观念。她告诉我，每个人都戴着面具，而要打破面具就要去了解每个人的灵魂。讲解员威尔逊 (Wilson)，1979 年。 (Diamond et al.，1987，p. 647)

我过去常常容忍自己的许多错误。在那些更懂行的人面前，你会摔很多次跟头。有一次在眼睛解剖展区，我和一个学眼科的学生聊了起来。我本来是要做解释的，但突然之间，我通过和这个人聊天，学到了新的东西。讲解员盖博 (Gabe)，1981 年。(Diamond et al.，1987，p. 647)

麦克马纳斯 (McManus) 经常直接引用参观者在博物馆中

的对话记录：

> 参观者有时会回应“博物馆中的某个人”……在一份文字记录中，一位参观者大声朗读：“你是灵长类动物吗？是的，你是灵长类动物。”然后他又大声回答，“不，我不是。”（McManus，1989b，p. 5）

定性评估中的验证可以采用多种形式。评估人员对不同的解释保持开放的态度，并多次返回数据以确认不同的可能性。在这种情况下，评估人员可重新审视分析过程并整理出数据、编码与内容阐释之间的关系，了解可能出现不同解释或存在解释差异的情况——比如是否遗漏了某些数据。

验证也可以通过成员检查的方式，审查编码流程和内容。这一过程最大限度地减少了研究人员的偏见——一个评估人员看待数据的角度有局限性，可能会忽略其他解释的可能性。例如，两名评估人员先各自进行数据的初步分析，然后一起讨论，最终得出结论。在未得出最终研究结论前，研究团队间互相分享、验证数据分析非常重要。

# 第三部分

## 评估数字媒体：机遇与误区

数字技术在各类非正式学习机构中发挥的作用越来越大。参观者不仅带着智能手机、平板电脑，甚至是智能手表前来参观，展览设计师也在探索如何扩大技术范围，从而创造新的互动展览元素。对于那些极其注重非正式学习经历的人来说，这些变化令人感到兴奋的同时也带来些许不安。在自然历史博物馆的景箱旁放置一个简单的二维码，如此细小的操作就会把博物馆的实际存在与网络社交媒体的广阔数字世界初步联系起来。这种关联也留下了游客体验的数字痕迹。计算机日志数据可能会告诉我们有多少人扫描了二维码，他们在相应的网页上看到了什么，甚至还有可能知道他们是谁。所有这些都为评估学习提供了新的可能性，同时也对传统静态展示在数字时代中的作用提出了新的疑问。这对非正式学习体验和有效性评估意味着什么？我们应该关注哪些伦理问题？如何才能最高效地利用数字技术促进而不是阻碍参观者的学习？

好消息是，评估数字互动展品大致与评估其他类型的展品相同。所有的原则都适用，而且你不需要技术背景就可以使用本书其他部分中所述的工具和方法来了解数字体验的效果。实际上，一个优秀的评估人员不能把目光局限在新技术的表面，而应去了解真正的参观体验。但是，数字化所带来的一些特殊因素和工具确实可以补充其他标准评估方法。尤其是数字互动展品可用于自动化数据收集，为数据收集提供新工具。

# 第九章　数字展览的发展形势变化

本章将把重点放在评估博物馆或其他非正式学习机构中的数字互动展览或展项。当然，许多移动技术正在模糊博物馆和其他学习环境（如家庭、学校和校外项目）之间的界限，但这些内容不属于本章讨论的范围。我们将从各种不同的数字互动展项入手，讨论其中使用的技术（包括已经在现实中广泛使用的和未来5—10年中会广泛使用的）。第十章将回顾评估数字互动展项的常用方法和工具，同时专门论述使用音频、视频和录屏的效果。这将包括讨论用于数据自动收集的工具，计算机日志、视频捕获以及嵌入式调查和评估。

## 一、我们所说的“数字互动”：不断扩大的范围

博物馆已经进入一个智能化的时代。受众参与数字互动的方式已经非常多样。本章将举例介绍多种数字互动的方式，目的是提供一些有导向性的想法。与此同时，我们还注意到：数字技术最引人注目的应用是通过创造新的方式来支持学习，参观者可以接触到更多内容、更多参观者以及更多科学和文化机构。

## 互动显示器——各种规格大小

在过去的几年里，触摸屏显示器在非正式教育环境中变得无处不在，使用方式多种多样。例如，小型的平板电脑显示屏有时会取代静态文本标签，让参观者了解更多关于展项的信息。芝加哥菲尔德自然历史博物馆开放了唐仲英中国馆，这是一个占地7 500平方英尺的展厅，展示了数百件文物，并配有45个交互式"数字阅读音轨"。这些音轨是长而薄的计算机显示器，承载了更多关于展品介绍的信息。设计师们在制作传统展品文本说明的同时为感兴趣的参观者提供了相当数量的交互性信息。

博物馆还使用更大的数字显示器以提供各种各样的交互式体验，包括学习游戏、探索多媒体内容以及与虚拟3D物体的互动。其中一些显示器的尺寸非常大，足以把几位参观者聚集在一起参与活动。尺寸更大的显示器可以像桌子一样水平安装，像白板一样垂直安装，或者介于两者之间。大型显示器的一个用途是让参观者有机会探索抽象的"信息空间"，范围从人口普查数据（Roberts et al.，2014）到大型生物数据集。例如，"地球生命"项目利用生物数据库和数十万物种的信息创造了一种参观体验，参观者可以在其中飞越数亿年的进化历史（见图9.1；Block et al.，2012）。

类似的例子还包括在旧金山探索馆举办的"生物液体"展览（Ma，Liao，Ma，& Frazier，2012），参观者可以在其中探索全球浮游生物种群的季节性变化。再比如卡内基自然历史博物馆还使用了千兆像素深变焦界面技术等（Louw & Crowley，2013）。

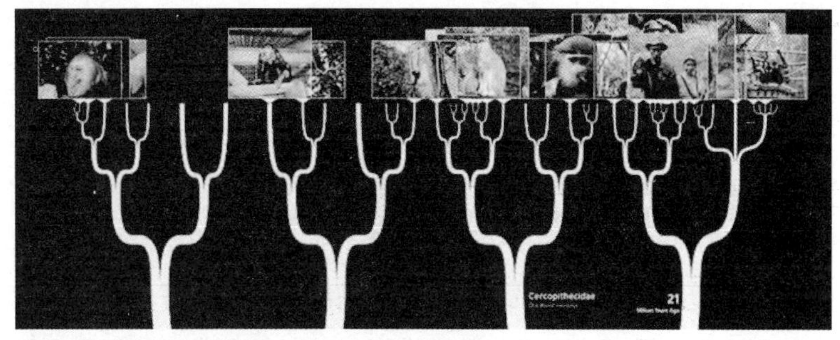


**图 9.1　美国国家科学基金会资助的“地球生命”项目“深度树”展览截图**

（来源：Block et al.，2015；Davis et al.，2015）

## 混合实境

交互式显示器越来越普及，但对于是否应在非正式学习环境内装满电脑屏幕，人们还远未达成共识。因此，人们想到一种能更好地融合现实与虚拟世界的方法——“混合实境”（mixed reality）。“混合实境”一词是指捕捉参观者的各种体验。虚拟现实（VR）展览通常通过头戴式显示器将参观者沉浸在 3D 虚拟世界中。参观者能体验现实生活中很难“触及”的另一个世界，例如，去火星漫步或探索一个遥远的考古遗址。增强现实（AR）展示的不是让游客沉浸在虚拟世界中，而是将数字信息覆盖在现实世界之上。这可以通过二次显示器、投影仪，甚至像微软的全息眼镜或谷歌眼镜这样的特殊装备来实现。宾夕法尼亚州费城的富兰克林研究所（Franklin Institute）与宾夕法尼亚大学合作，正在探索使用增强现实来揭示一些动手科学学习背后的隐形现象。例如，在伯努利球（Bernoulli Ball）展上，参观者可以体验悬浮橡胶球周围的气压波动，同时在电脑屏幕上观看球体周围气流的实时视觉展示（Yoon，Elinich，Wang，Steinmeier，& Tuckr，2012）。增强现实的一个优点是计算机界面不突出或者完全没有，参观者操作实物展品即可。

### 全身互动（Whole-Body Interaction）

介于虚拟现实和增强现实之间的是沉浸式的全身体验，参观者使用双手、手臂或全身与数字模拟互动。一个典型的例子是斯尼布（Snibbe）的边界功能（Boundary Functions）展览，参观者用他们的身体与沃罗诺伊图（Voronoi diagrams）的数学结构互动（见图 9.2；Snibbe & Raffle，2009）。

**图 9.2　斯格特·斯尼布（Scott Snibbe）边界功能展览**

（来源：图片来自斯格特·斯尼布）

另一个典型的例子是纽约美国自然历史博物馆的“飞行状翼龙”展览，参观者用他们的身体在史前景观中“驾驶”两种飞行的翼龙。

许多研究者正在探索“体现互动”（embodied interaction）与这些展览所能带来的学习成果之间的联系。

### 可触式互动（Tangible Interaction）

“可触式界面”（tangible interface）是另一项创新，将在博物馆中越来越普及。与全身互动类似，参观者不使用基于屏幕的输入设备（如鼠标、轨迹球，甚至触摸屏），而是操作由计算机系统跟踪的特定实物。可触式界面能给完全基于屏幕的数字交互带来“上手”的触感。随着交互式桌面显示器的普及程度不断提高，可触式互动也变得越来越受欢迎；许多显示器可以跟踪实物集，以及触碰的参观者信息。纽约科学馆的 Oztoc 展览就是一个很好的例子，该展览结合了屏幕效果与代表电路组件的实物瓷砖（见图 9.3；Lyons et al.，2014）。

**图 9.3　纽约科学馆的 Oztoc 展览**

［来源：纽约科学馆安德鲁·凯利（Andrew Kelly）提供图片］

研究逐渐表明，数字体验的可触性可以对参观者体验产生不同的影响。马萨诸塞州波士顿科学博物馆的一项研究对比了使用可触式界面的计算机编程和机器人展览与使用计算机鼠标的同一个展览。研究人员发现，使用可触式界面的展览能吸引更多参观者，同时也增加了参与者之间的合作互动（Horn et al.，2012）。旧金山探索馆近年的一项对可触式和多点互动的比较研究中也得出了类似的结论（Ma et al.，2015）。

### 接近感知系统（Proximity-Aware Systems）

接近感知跟踪系统无疑是会改变非正式学习环境评估的一项技术。低功耗无线传感器现在可以三角定位一个房间中的参观者，精确程度相当高。这些技术的进步将有可能帮助收集到参观者在展厅内流动的数据，但与梅尔顿和罗宾逊早期的研究（Melton，1933；Robinson，1931）相比，其规模更大、成本更低。接近感知跟踪系统还可以将跟踪信息反馈到数字互动展品中，从而实时创造个性化体验。想象一下，展览知道你在参观时已经看到了什么并能作出相应反应。当然，这些跟踪技术引起了与隐私有关的伦理问题，而且这些技术也非万能，前面提到的参观者观察法仍是非常重要的研究方法。

### 参与式技术（Participatory Technologies）

在一个社交媒体普及的时代，研究者正在探究非正式学习机构与其参观者之间的基本关系。一类研究方向即关注社交媒体的参与性质（Simon，2010）。社交媒体服务在很大程度上被认为是参与者创建内容的平台（platforms）。媒体由公共群体策划、评论和利用，这些群体在某种程度上和专家或“权威”无异。从这个角度来看，参观者不仅仅是意义上的共建者，他们也是机构、其他参观者、更大范围的社区、更多内容甚至博物馆本身的共建者。参观者是策展人和评论员，有助于重塑机构日常。

这些转型思想也引起对评估方法、评估性质等重要议题的思考。西蒙（Simon，2010）的著作《参与式博物馆》（*The Participatory Museum*）就是一个很好的参考，为那些有兴趣进一步探究这些问题的人提供了范例。他指出，展览可以移植社交媒体中的创意或技术，让参观者有更多的参与式体验。一个例子是，马里兰大学与美国国家公园管理局合作开发的有形旗帜展览（Chipman，Drin，Beer，Fails，Guha，& Simms，2006）。孩子们把五颜六色的旗帜放在户外散步的道路上，标记他们在沿路发现的有趣事物。这些旗帜上带有无线电子标签，孩子们可以用平板电脑扫描这些标签，也可以在平板电脑上画画或者提问。这些数字注释被实际绑定到旗帜所在的位置，后来的参观者可以扫描相同的旗帜并在原始注释中添加自己的想法和图画。

## 接下来是什么?

所有这些例子都只是皮毛而已。计算机科学研究中还有许多其他新兴的分支领域，这也启发我们了解博物馆和其他非正式学习机构未来的可能发展。基于此，我们需要了解未来 5—10 年可能发展的新技术：

- 脑机接口（brain-computer interfaces）：研究人员正在开发低成本、非侵入性的方法来监测人类的大脑活动，并对此作出反馈。芝加哥科学与工业博物馆的脑力球（Mindball）展览就是一个很好的例子。头带（headbands）可以监测参观者的大脑活动，看两位参观者哪一位的大脑活动更“放松”。

- 有机用户界面（organic user interfaces，OUI）：有机用户界面是人机交互研究中关注显示技术的一个分支。我们不久便会见到尺寸更大、重量更轻、结构更灵活的各种屏幕。可以试想把弯曲或折叠电脑显示器作为展览互动的一种方式。
- 人类-生物互动（human-biology interaction）：加州圣何塞的科技创新博物馆正在与斯坦福大学的研究人员合作，创造参观者与活微生物互动的体验（Lee et al.，2015）。参观者用手在触摸屏上画出细菌细胞的显微图，这些细菌细胞对特定颜色的光亮会有反应。这些图画被直接投射到培养皿中，在参观者与细菌之间产生实时的互动。

## 二、总结

技术无疑将继续发展，今天看起来很新奇的东西，明天就会变得司空见惯。作为评估人员，我们必须将注意力集中在受众的体验上，而不是技术的新颖性。如果科技带来了令人愉快、参与感强的活动，能帮助参观者以新的方式了解世界，那么这些科技就能经受住时间的考验。本章中的许多例子都发生在十年前或更早，但它们仍具有说服力，因为它们为参观者提供了独特的机会，使参观者能参与其中。第二部分所述的工具适用于本章提到的各种参观体验，但由于计算机的参与，有可能实现数据的自动化收集。第十章将讨论数字交互展览中可使用的工具和一些值得思考的因素。

# 第十章　评估数字展览的工具

第九章对技术的简要回顾提出了有关非正式学习环境中评估性质的重要问题。随着新技术的发展，是否也有新的工具和方法来评估参观者体验呢？此外，我们的基本指导问题仍然一样吗？还是评估目的已经随着技术的发展而发生了改变？尽管新技术多种多样，但评估数字互动展品的工具和方法与其他章节所涉及的基本相同。了解参观者体验仍然是最核心的问题。在技术上投入再多，也不能保证参观者玩得开心、学到新东西或者对一个话题产生不同的看法。也就是说，在设计涉及数字展览的研究时需要一些特殊的考虑因素和新工具。本章将首先回顾处理音频和视频数据的一些常见挑战和技巧。然后，我们将讨论使用计算机生成日志数据、自动数据收集等内容。

## 一、使用音频和视频的挑战和技巧

按照第九章所述的例子，数字交互体验的边界变得越发模糊、宽泛且跨时空分布。无处不在的计算机化要强调的是更微妙的交互形式，在同一时间引导在不同位置、不同视角的多重观众参与进来。虽然这提高了展览的吸引力，但同时也加大了使用音频和视频记录来捕捉和理解参与者体验的难度。

一个极端的例子是纽约科学馆的“互联世界”展览。这是一个房间大小的展览，其中有多个大型展品，许多参观者在同一时间使用双手和手臂与几个虚拟生态系统交互，这些生态系统由共享资源连接起来（如中央供水）。在这样的展览中捕捉有用的视频和音频已然是一个挑战。参观者在视野里进进出出，形成流动性（和重组）的同时又是一个相互协调的集体。其他参观者可以与显示整个模拟生态系统全局视图的二级显示器进行交互，或者只是从远处观看。这种体验的界限是什么？谁算参加者？有什么有效的方法来捕捉参观者互动的多样性？仅仅一个摄像机（不管它是安装在一个固定的位置上还是由研究者或参观者拿着）不足以捕捉到大型集体体验的方方面面。另外，展览所处的位置是一个有大量环境噪声的洞穴空间，这使得录音尤为困难。

“互联世界”是一个极端的例子，但小规模的数字展览也给音频和视频录制带来了类似的挑战。例如，该把录像设备安放在展览的哪个位置？有了大型触摸屏显示器，评估人员可能想要同时捕捉参观者的面部和与他们交互的屏幕内容。将摄像机放在参观者身后以便拍一个“过肩”的镜头，这有利于观看展览的显示屏和参观者的双手和胳膊。但这个角度忽略了面部、声音和更微妙的访客与访客之间的互动。另一种选择是，将摄像机放置在显示器的另一侧，面向参观者，这可以解决其中的部分问题，但却忽略了屏幕本身的内容。这两种摄像机位（“过肩”和“对脸”）都假设参观者会从显示器的一侧以固定的方向与内容互动。但是对于许多水平放置的平板展览来说，参观者聚集在展品的四周，这导致任何一台摄像机都不可能仅凭一个镜头就能看到所有的画面。此外，动态范围的限制还会使摄像机难以同时聚焦于明亮的电脑显示屏以及光线昏暗的展区中游客的面部和身体，进而加大了前述问题的难度。其结果是，屏幕的相对亮度常常会使参观者在对比下看起来像一团阴影（见图 10.1）。

**图 10.1　Design I/O 公司创建的纽约科学馆“互联世界”**

［来源：纽约科学馆大卫·汉德舒（David Handschuh）提供图片］

另外一种选择是使用多个录制设备来同时捕获多个视频流和音频流。例如，可以要求参与者在挂带上安装一个语音记录器，并安装两个摄像机来捕捉同一个展览的不同角度。可穿戴或手持摄像机的可靠性不断提高，价位也越来越实惠。参观者可以拿着或戴着这些设备从他们自己的视角呈现内容。当参观者在一个更大的空间里走动时，这种方法尤其有用。

虽然使用多种录制设备可能有用，且十分必要，但在设计研究时需要考虑一些权衡因素。最重要的是，整合多个不同设备的视频流和音频流是很困难的，很难用于同步分析。加利福尼亚大学圣地亚哥分校设计的 ChronoVis 等工具专门用于处理多个数据源，包括音频、视频和日志数据，但你仍然需要重新组织所有的记录文件。所以你应该仔细考虑一下，额外的摄像机或录音机是否会给你的分析带来显著优势。此外，让参观者拿着相机记录，可能会以不可预测的方式大大改变他们的体验。例如，我们发现参观者拿着相机的时候经常会扮演纪录片制作人的角色，为想象中的观众讲述他们的经历。这对于数据分析来说可能很有吸引力（参与者思路的独白），但其实却不太可能反映大多数其他参观者的经历。当然，游客手持相机也要考虑到伦理问题，因为这种方式很难控制参观者在镜头中捕捉到的人物和内容。

另一种选择是直接在交互体验的计算机中记录。使用如 Camtasia（TechSmith 提供）这样的软件可以将直播屏幕捕获视频与内置的前置摄像头合并。这是一种很好的方式，可以从不同的角度记录参观者的经历，同时保持媒体流同步并捆绑在一个文件中。这也解决了前文提到的一些动态范围问题。Camtasia 和类似的屏幕捕捉软件可以配置为以低帧速率和低分辨率记录，从而使自动数据捕捉运行更长的时间。即使不能直接从交互式展项中获得数据，你也可以使用带有内置网络摄像头和外部录音设备的小型笔记本电脑或平板电脑来实现同样的效果。

## 二、音频和视频设备注意事项

虽然视频本身的质量很重要，但捕捉的视频文件大小以及存储和传输的方法也很关键。大多数现代照相机宣称能录制超高清晰度的图像。例如，全高清（或1 080p）是指每帧1 920×1 080像素。但是在这个定义下录制会导致文件非常大，难以存储和传输。因此，评估人员应确保自己的相机也可以录制低清晰度画面。对于大多数评估项目来说，480p（640×480像素）通常就足够了。较低的清晰度需要的存储空间较少，传输速度也就更快。显然，具体需求将根据评估类型和计划收集的数据量而有所不同，但是过大的文件很容易导致数据丢失、数据不完整或高昂的云存储费用。

如果要在设备上投资，可以考虑音频设备。因为音质对研究至关重要，但在非正式的环境中却很难获得高质量的音频。有坚硬地板的拥挤展厅空间，或充满环境噪声的室外空间，对于捕获高质量音频都是挑战。更糟糕的是，数字互动展品往往会产生自己的噪音（如冷却风扇、音效、音乐和旁白），导致摘录轻声细语的参观者之间的对话极其困难。使用相对便宜的录音机（而不是摄像机）可能是捕捉参观者讲话的一种不错的方式，特别是因为可以把录音机放在离参观者较近的地方，但又不太显眼，甚至可以要求参观者在挂带上佩戴小型录音机。

如果这样还不够好，也许可以投资配备更正规的录音设备。音频设备的详细介绍不属于本章范围，但有三条法则适用：第一，设备的成本大致与质量一致。第二，好的音频设备比视频设备的使用寿命要长得多，而视频设备更新换代很快。第三，高质量的音频并不一定等于更大的文件。就数字存储和传输而言，再大数量的音频也易于管理。

## 三、使用计算机日志数据

数字展览的一个优点是通常可以用计算机生成的日志数据（computer-generated log data）来补充评估。换言之，随着展览的进行，可以自动记录参观者信息。这些信息通常以“机器可读”的格式存储为文本文件，比如CSV（Comma-Separated Value）或JSON格式（JavaScript Object Notation）。

日志数据的粒度范围涵盖从低级的输入数据（如屏幕上每个接触点的时间和位置）到访问者执行的高级操作（如用户放大黑猩猩的图片）。在某些情况下，日志数据甚至可以包括屏幕截图或小视频记录。

计算机日志数据可能是一个宝库，但日志数据很可能过量，甚至产生误导。日志数据可用于回答一些直观的问题，比如参观者与展览互动的时间有多长、哪些功能使用得最频繁或最不频繁、参观者的第一步或最后一步操作是什么。

但是我们也需要考虑一些难度更大、不太直观的问题，比如哪些内容让参观者感到困惑、哪方面让参观者感到沮丧、人们如何合作，以及有哪些不同的学习途径。通常，这些难度较大的问题可以通过日志数据、视频记录和直接观察等组合方法来解决。其中需要特别指出的是，日志数据可用来确认或反驳在观察参观者时评估人员形成的预感或假设。例如，评估人员可能会注意到，如果参观者在与展览互动的第一分钟就发现了一些功能，那么参观者似乎会更投入，愿意花更多的时间。利用日志资料和足够的技术专长很容易用定量数据证实这种假设。

我们可以从表 10.1 明显看出，使用日志数据需要一定的技术知识，需要提取并裁剪日志到相关事件，然后与其他数据（如字段注释、视频或音频流）同步使用。通常需要“清理”或以其他方式转换数据使其变得有用。例如，确定时间戳之间的长时间间隔可能非常重要，因为这可能意味着从一个参观者组合转换到下一个参观者组合。这类工作通常是通过使用 Python 之类的脚本语言编写的计算机程序来完成。不过好消息是一些用户友好型的工具可用于收集和分析各种平台上的日志数据，而且不需要研究者具备强大的计算机编程能力。例如，谷歌分析（Google Analytics）就是一个用于处理网络技术展览分析的工具。还有些应用程序可直接在智能手机和平板电脑等移动设备上记录活动数据。这些工具的进一步发展将为评估团队提供更多创新性解决方案。

**表 10.1　CSV（逗号分隔值，标准文件）格式的一个展览日志文件简短摘录**

```
时间戳，活动_类型，数据
634777869577061256，LOG_STARTED，July 13 2012 2:35:57 PM
634777869577101256，APP_STARTED，
634777869659781256，FOCAL_NODE_CHANGED，TOLWEB/1
634777869781111256，CONDITION_SELECTED，DT_ONLY
634777869781521256，TOUCH_PROMPT_SHOWN，
634777869862561256，EVALUATION_START，28；Field
634777870078351256，TOP_IMAGE_HOLD_START，TOLWEB/44
634777870079291256，TOP_IMAGE_HOLD_END，TOLWEB/44
634777870135731256，MANUAL_NAV_START，690.14；490.49
634777870145341256，TOP_IMAGE_HOLD_END，TOLWEB/44
634777870148971256，TOP_IMAGE_HOLD_START，TOLWEB/44
634777870158861256，TOP_IMAGE_HOLD_END，TOLWEB/44
634777870158861256，TOP_IMAGE_ZOOMED，TOLWEB/44；2.98
634777870159381256，MANUAL_NAV_END，530.91；494.23
```

每一行记录一个单独的事件，每一列包含该事件的数据字段。例如，第一列显示一个“时间戳”，其中显示了由计算机时钟测量的事件发生的确切时刻。第二列显示事件的类型。其余列显示事件的特定属性，如参观者的手指在屏幕上的位置。

## 四、嵌入式调查和问卷

另一种自动化数据收集形式是将简短的调查问卷或评估直接嵌入交互式展览中。这对于只限一到两个参观者同时使用的触摸屏尤其有效。可以提问一些非常简短、不唐突的问题来检查理解程度、参与度或参观动机。从问题库中抽出问题，分发给各个参观者。每个参观者只会回答一到两个问题，但许多参观者的综合回答就能让评估人员更深入地了解展览的有效性。例如，你可以在展览开始时提出一个问题，然后在展览结束时提出另一个问题，以此来衡量参观者理解程度的变化。类似的策略也适用于大型展览，组合使用。例如，你可以在展览大厅入口附近问一个问题，在出口附近问一个类似的问题。将这些问题与简短的人口统计调查（询问参观者年龄或群体的规模）结合起来，这可能会提高结论的准确性。实际操作中，计算机都会提示参观者储存他们的应答以供后续分析。这种级别的自动化使得长期收集数据变得容易，且只需要很少的人力投入。

在使用这种方法时，需要在所收集的数据质量和数量之间进行权衡。换言之，与人工收集相比，使用自动化方法可以收集到的数据量更多，但可信度却不一定高。因此，正如本书中讨论的其他方法一样，自动收集数据与其方法一起使用时才能提高使用效果。为了提高可靠性，所有的问题都应该事先进行预测试，以确保参观者理解提示并给出合理的回答，毕竟研究受众广泛，不同年龄和语言背景参观者的理解力不同。同时，仍要进行参观者观察，以此确保他们面对电脑的回答与面对真人的回答一样。最后，需要特别小心的是，不要在参观者只想参观展览时开展强制性调查，以免让他们感到厌烦或对展览感到失望。问题要尽量简明扼要、数量有限，尽可能自然地融入参观过程中。例如，针对交互式游戏可以将评估问题无缝融合到游戏体验中。

Qualtrics、File Maker Pro 和谷歌表单（Google Forms）等工具都可用来进行前端演示、数据收集和存储。但是，在大多数情况下，需要进行各种复杂的“定制”工作，以便将问题无缝嵌入范围更大的交互体验中。

## 五、总结

本章回顾了数字展览评估的一些技术和误区。无论新技术多么昂贵、多么酷炫，最重要的是不要对新技术望而却步。经常可以看到，展览中纳入新的、复杂的技术时却忽视了参观者的体验。评估人员的作用首先是从人的角度来看待参观体验。人们是参与其中并有所收获，还是分心、感到困惑？他们是在互相交谈，一起探索，还是看起来很孤立，不爱社交？

另一个重要的结论是，应考虑自动化数据收集过程各个方面的可能性。展览如果用到计算机，就可以考虑把部分评估工作让计算机承担，包括计算机日志、屏幕捕获记录，甚至问卷回答。团队成员具有这方面的专业知识，便可以丰富你们的评估方法。

# 第四部分

# 评估用于实践

在评估的最后阶段，通常需要与他人分享你的评估结果，包括资助机构、行政管理人员、社区团体、其他博物馆人员等。一般来说，你将为上述各类人员提供基于评估结果的具体工作建议，最好是从研究开始就与上述人员保持沟通，听取他们的意见，让他们了解重要决定和关键性成果，参与讨论如何使用评估结果，以及以何种形式分享结果。

评估报告写完不代表工作全部做完。本节将介绍研究报告如何在期刊和网络上发表，以便让更多人看到，同时还将讨论如何使评估结果和建议更易于理解，将评估结果转化为实践。

# 第十一章 呈现评估结果

评估报告可以以多种形式呈现，可以是一份全面性的书面总结，也可以是一个只针对评估结果的简短口头陈述，呈现形式取决于研究目的和使用者的需求。多数情况下，为满足各种不同人群的需求，推荐使用多种报告策略。本章重点介绍一些较常见的报告形式，以及评估结果汇报的一些关键原则。

## 一、报告形式

评估结果最基本的呈现形式可借鉴科研文章的写法。这种方式的优点是全面而详细，可以写清研究过程和结果，缺点是成本较高，而且可能看起来过于强调技术性。借鉴科研文章的报告形式最适用于总结性评估，因为其本质上更接近于研究，结果具有可推广性。这类报告一般具有以下内容：

- 摘要。
- 介绍。
- 方法。
- 结果。

- 结论和总结。
- 参考文献。

摘要是对整个评估项目的简短描述，往往用一个段落陈述研究目的、研究方法、主要结果及其重要性。要求简短、清晰，读者阅读后可快速确定他们是否感兴趣。很多人可能只阅读摘要，因此摘要一定要以简洁又吸引人的方式点明研究的原因、时间、方法和内容。

介绍应包含研究目的、研究机构或展览概述，以及与研究目的、方法或结果有关的前期工作，最重要的是要说明为何进行该研究，让读者对背景有一定的了解。同时还应充分描述所评估的实际内容（即展览、项目或机构）。评估人员在写报告时常常会把读者认为像自己一样了解评估的实际内容，但事实上，对研究内容的详细描述才能真正让读者有所了解。

有时介绍部分会包含文献综述，概述之前的工作、使用类似方法的研究等。这部分内容增加了报告的"分量"，将研究置于更大的文献框架之内。这表明评估人员了解所在领域其他人的研究，并在前人的基础上开展工作。但是并非所有的评估经费都能支持作一个完整的文献综述，因此这部分内容并不是必需的。

如果报告中包含文献综述，则应总结针对现研究问题已有的成果。例如，如果要研究参观动物园的家庭行为，则应总结对该主题过往的研究。非正式教育环境的文献综述可能较难，因为相关研究可能发表在不同的地方。评估研究可能发表在艺术和人文学科期刊，或者教育和科学教育类期刊，或者针对博物馆研究、社会科学和科普类的研究期刊。此外，还有很多评估报告不对外公开。因此可以先查阅这个网站：http://www.informalscience.org，上面有很多总结性评估报告，包括一些由国家科学基金会资助的项目。

方法部分应详细介绍数据收集的方法。说明研究参与者是谁、有多少人、如何采样、如何收集数据等。例如，如果采用访谈的研究方法，应介绍问了多少问题、访谈持续时间、如何对回答编码等。如果采用观察法，应介绍有哪些行为类别、为何选择这些类别等。如果使用问卷调查法，则包括问了多少问题、填写地点、问卷如何回收等。总之，方法的介绍应尽量细致，以方便其他评估人员可复制你的研究。有时在方法部分还应详细描述研究环境，比如，如果要追踪参观者在博物馆中的行动路线，最好能提供该馆的平面图和空间描述。这对读者非常有用，能使研究结果更易于理解。另外，还可以在附录中提供研究中用到的协议、准则等，或将其发布到网上；这能使他人便于理解，方便他们在此基础上建立研究方法。

结果部分主要写明评估结果，可包含定性信息和定量信息。即使研究的主要目的不是针对观众调研，但因为研究收集了观众样本，因此也可以描述一下参观者的人口统计数据。首先要检查数据，考虑如何利用数据；其次考虑如何组织数据。一份高质量的评估报告应该针对目标用户讲好一个故事，故事应围绕一开始的评估目标展开，这些目标可以作为组织评估结果的框架。请记住，无须按照访谈问题的顺序组织评估结果，访谈中问题的排序是本着有助于受访者理解、减少偏见的原则，但对于评估报告，应坚持易于读者理解、突出关键结果的原则。最好将评估结果相似的内容进行归类，并按照其相对重要性进行介绍。

定量信息可以用图表展示，这会非常直观。文字部分应描述主要成果，并指出附图或表格。定性内容通常以文字形式呈现，如果信息量很大，可分主题。图表和照片在总结定性信息时也很有用。

结论部分应该说明评估结果的重要性。不要重复评估结果，而应写明结果为何对读者有用。比如，数据信息是否与该领域前人的研究一致？是否与他人的工作成果矛盾？是否提出了新问题？非正式教育评估通常具有探索性，一项研究的结果可能会提出比研究问题更多的问题，但这有助于探索未来的研究方向。总而言之，结论部分要有一个全局观：研究如何进行，研究结果是否对类似情境有可借鉴之处。

评估研究通常以问题为导向，读者希望知道针对问题提供哪些解决方案或建议。比如，博物馆工作人员想知道为何某一展厅的参观人数较少，那么评估结果可以描述参观者的实际参观路线，他们当时为何选择这个路线参观。在结论中，可以根据结果针对这个问题提出最有可能的解释，这里的结论可以带有推测性，但前提是基于研究数据作出的推测。

最后一部分是参考文献，包含报告中所有引用的文献。如果计划将报告在期刊上发表，则必须将文献的格式调整为该期刊所要求的格式。美国心理协会出版手册（*The Publication Manual of the American Psychological Association*，2010）就规定了图表、书目、尾注、脚注、缩写、大小写的正确格式，以及无性别歧视性语言的使用。

现在，视频、博客或摄影集也逐渐成为评估研究结果的一部分。除书面报告和多媒体演示外，可能还需要简短的口头汇报。向理事会、员工或社区团体的汇报可以突出最重要的研究成果以及改进工作的后续步骤。在研究一开始就想好最终评估报告的形式，便于在研究期间保存好所有的文档。

### 简报

有时最有用的是一份简短报告（简报），可以单独使用或后附一个详尽的全面报告。根据评估目的，简报可采用多种形式。比如，形成性评估通常是“快速直接”的风格，因其重在提供即时的迭代反馈，需要在短时间内为决策者提供依据。因此，形成性评估本质上应简短，几乎全部集中在评估结果及其对下一步工作的作用。与详尽报告不同，后者需包含项目背景及对研究方法的详细描述，形成性报告仅需要对上述内容作简短说明。形成性报告的实质是研究结果，分点列出即可。

如果是总结性评估，简报则更可能像摘要的拓展版，而不是一份科学的报告。此时的简报需对项目背景和方法作简要总结，并指出重点研究成果，可以提供与研究结果相关性最强的数据，但不需要大量的表格或参与者发言等。研究细节或其他详细信息可以放在附录或附上背景报告。

根据我们的经验，评估人员有时会认为简报更容易写，因为其范围相对有限。但实际上，写一份观点清晰的高质量简报更有难度。有时评估人员需要先写一份详尽版报告，然后再缩写成简洁版本。

## 二、评估报告的准则

无论选择哪种报告形式，巴顿（Patton，2008）的以下准则都值得借鉴：

- 考虑报告的使用目的和使用者。询问员工或其他相关人员打算如何使用评估结果、需要向谁分享该结果、以何种方式分享。了解这些问题有助于选择相应的报告形式，还会影响研究结果的呈现方式以及报告的详细程度和专业度。
- 避免任何“惊喜”。在写书面报告之前最好先向对研究感兴趣的人口头分享研究成果。这能帮助他们更好地理解结果，他们也可以帮助指出报告中最重要的内容。先列出报告大纲，然后与他人讨论，这样能就选择怎样的报告形式和内容达成共识，避免任何“惊喜”。
- 一定要有建议。评估报告常常以结论结尾，但与其他研究不同的是，评估旨在解决问题并在特定情况下为实践提供参考，评估人员有责任提出评估结果对机构或项目的实际建议。如果研究目的是调查某项目是否有效，那么报告不仅要说明项目的有效性，还应解释为何有效、未来如何做得更有效。评估人员要始终区分给出的建议是基于评估数据还是自身看法。
- 传播不同于使用。虽然评估报告可能是针对某具体人群撰写，但常常具有更广泛的参考性。因此我们鼓励评估人员将研究结果发表在学术期刊上，或参加学术会议。但是撰写评估报告和发表学术论文是两项完全不同的工作，方法和目标都不尽相同。评估报告主要针对某具体人群，而论文则面向更广泛的研究人员或该领域的从业人员，且要满足期刊要求。

## 三、将评估结果转化为实践

多数情况下，非正式学习环境中的评估旨在为实践提供参考，因此评估人员要充当翻译的角色，将评估结果“翻译”成项目实际所需的内容。将评估结果转化为实践没有固定的公式，但是时刻考虑研究目的及受众能使研究结果更有实操性。理论上讲，针对前置性评估、形成性评估和总结性评估的实践建议都应区分开，但在具体实践中大多会重合。

前置性评估的重点通常是项目参与者和项目环境。评估人员需要思考 who 和 what：项目中的哪些人（who）需要什么样的信息（what）能使这个项目做得更好？展览的平面艺术家可能意识不到观众阅读精美印刷品存在一定障碍，音频制作人可能不知道年轻人已经不再听广播，青少年活动协调员可能不了解如何在学校举办活动，因此评估人员要从评估结果中找出那些最有用的信息。

在作形成性评估时，与项目决策者保持直接沟通能使最后的研究结果发挥最大作用，但有时多线沟通也很必要。例如，国家科学基金会资助的明尼苏达科学博物馆“探索进化”展览在开展前面向公众作了一个全面预展，评估人员进行观察和访谈，随后总结结果。评估团队与不同人群保持多线沟通：向博物馆馆长介绍评估的初步结果，讨论展览修改意见，随后为策展人员提供修改意见以供参考。由于文本撰写者是科学记者，评估团队还提供了展品说明文字的修改意见，方便观众理解。最后评估小组撰写了一个供进化科学家使用的简短报告，方便他们应用于类似项目（Diamond & Evans，2007）。由此可见，一份评估报告看似有效，但事实上不同人群需要不同的反馈。

形成性评估还应注重时效性。形成性评估旨在协助设计过程，因此一定要控制时间，快速分享结果。比如，数据收集后，书面报告不如口头反馈有效，后者可以在策展人工作时间内提出意见供其采纳。

总结性评估实践转化的难度最大。总结性评估通常注重项目成果和影响，不仅对手头项目有用，也为未来类似项目作准备。这意味着各方群体对评估结果的使用有不同想法。很多总结性评估只为满足资助机构的要求，做完就再也没见过天日。是否将评估公开可能超出了评估人员控制的范围，但是在适当情况下，可以作下列尝试让评估被更多人看到：

- 公开评估报告，供该领域从业人员使用。比如将报告发布到相关专业网站上，供更多的评估人员和操作者利用。
- 在相关文献中发表评估结果。这需要获得评估方的允许，但能为该领域作出实际的贡献。
- 参加区域性或国家性的会议，报告评估结果。同样，此类活动需获得评估方的允许，但通过会议能引发深度讨论，可能会产生更深远的影响。

研究与实践之间存在差距，评估人员能通过努力缩小差距，比如在评估的重要节点让感兴趣的人参与进来，鼓励他们在评估完成后参加汇报会等。这增加了他们的参与感，并使他们更好地了解评估过程，尤其是让他们了解数据收集和分析的严谨性和复杂性，以及如何基于数据得出结论等。了解评估过程有助于机构员工和其他人员思考如何将评估结果运用到实际工作中。

不论其具体角色如何，评估人员始终是项目的合作伙伴，他们与项目的其他工作人员合作帮助项目实现目标，甚至在过程中找到并实现新目标。将评估结果转化为实践的效果往往远超于项目本身，这可能是很多人整个职业生涯的方向，能够促进非正式教育领域的发展。

## 四、沉浸式评估

评估的重点在于沉浸其中，而不是数据收集。这要求你对一个机构、展览或项目非常熟悉，近乎变成你的一部分。无论你收集的数据是定性、定量还是两者结合，对非正式教育文化的直觉性了解才是指导你研究的方向。罗伯特·斯蒂克（Robert Stake）曾提醒说，积累大量数据还不够：

> 最大的错误是认为收集大量的客观数据可以为不熟悉具体项目的人提供决策依据。最应该做的其实是，基于实际问题和特定情况作出主观判断，后经过充分的多方检验，这才是评估研究的核心。（Smithsonian Institution，1979，p. 16）

在博物馆、动物园或植物园工作过的每个人在某种程度上都是游客体验的专家，但评估报告中的结果可能仍然出乎意外。我们希望孩子们在某处停下仔细看展板的时候，就要考虑他们平常在场馆奔跑的速度有多快；我们应该记录有些观众看展览花了很长的时间，有些却很短。我们不得不惊叹，有些观众确切记得动物园动物发出的声音、展出的恐龙类型，甚至他们第一次造访博物馆时盛开的花朵。

# 参考文献


Ackerman，E. K. 1988. Pathways into a child's mind：Helping children become epistemologists. In *Science learning in the informal setting: Symposium proceedings*， ed. P. G. Heltne and L. A. Marquardt， 7 - 19. Chicago：Chicago Academy of Sciences.

Acklie，D. S. 2003. *Community based science education for fourth to sixth graders: Influences of a female role model*. PhD diss.，University of Nebraska，Lincoln.

ADAGE：Assessment Data Aggregator for Game Environments. 2015. [Digital tool] Retrieved from：http://adageapi.org.

Adams，M.，Foutz，S.，Luke，J. J.，& Stein，J. 2005. *Do art museum programs foster critical thinking in elementary students: Research results from a 3-year study of the Isabella Stewart Gardner Museum's School Partnership Program*. Technical research report. Annapolis，MD：Institute for Learning Innovation.

Allen，S. 2002. Looking for learning in visitor talk：A methodological exploration. In *Learning conversations in museums*， ed. G. Leinhardt，K. Crowley，and K. Knutson， 259-303. Mahwah，NJ：Lawrence Erlbaum.

Alt, M. B., & Griggs, S. 1989. *Evaluating the Mankind Discovering Gallery*. Toronto: Royal Ontario Museum.

American Psychological Association. 2010. *Publication Manual of the American Psychological Association*. 6th ed. Washington, DC: American Psychological Association.

Andrews, K. 1979. Teenagers' attitudes about art museums. *Curator: The Museum Journal* 22(3):224-232.

Ash, D. 2004. How families use questions at dioramas: Ideas for exhibit design. *Curator: The Museum Journal* 47(1):84-100.

Bjork, R. A., & Linn, M. C. 2006. The science of learning and the learning of science: Introducing desirable difficulties. *American Psychological Society Observer* 19(3):1-2.

Block, F., Hammerman, J., Horn, M. S., Phillips, B. C., Evans, E. M., Diamond, J., & Shen, C. 2015. Fluid grouping: Quantifying group engagement around interactive tabletop exhibits in the wild. *ACM Conference on Human Factors in Computing Systems* (CHI'15), ACM Press, 867-876.

Block, F., Horn, M. S., Phillips, B. C., Diamond, J., Evans, E. M., & Shen, C. 2012. The DeepTree exhibit: Visualizing the tree of life to facilitate informal learning. *IEEE Transactions on Visualization and Computer Graphics* 18(12):2789-2798.

Borun, M., Chambers, M., & Cleghorn, A. 1996. Families are learning in science museums. *Curator: The Museum Journal* 39(2):123-138.

Brady, J. 1977. *The craft of interviewing*. New York: Random House.

Carey, S. 1997. Conceptual change. *Journal of Applied Developmental*

*Psychology* 21(1):13-19.

Chipman, G., Druin, A., Beer, D., Fails, J. A., Guha, M. L., & Simms, S. 2006, June. A case study of tangible flags: a collaborative technology to enhance field trips. In *Proceedings of the 2006 conference on interaction design and children* (pp. 1-8). ACM.

Cleveland, W. S. 1985. *The elements of graphing data*. Monterey, CA: Wadsworth Advanced Books and Software.

Crowley, K., Callanan, M. A., Jipson, J., Galco, J., Topping, K., & Shrager, J. 2001. Shared scientific thinking in everyday parent-child activity. *Science Education* 85(6):712-732.

Davis, P., Horn, M., Block, F., Phillips, B., Evans, E. M., Diamond, J., & Shen, C. 2015. "Whoa! We're going deep in the trees!": Patterns of collaboration around an interactive information visualization exhibit. *International Journal of Computer-Supported Collaborative Learning* 10(1):53-76.

Davis, P., Horn, M., & Sherin, B. 2013. The right kind of wrong: A "knowledge in pieces" approach to science learning in museums. *Curator* 56(1):31-46.

Department of Health, Education, and Welfare. 1979. *The Belmont report Ethical principles and guidelines for the protection of human subjects of research*. Washington, DC: U.S. Government Printing Office.

DeVellis, R. F. 2003. *Scale development: Theory and applications*. 2nd ed. Vol. 26 of *Applied social science research methods*. Thousand Oaks, CA: Sage Publications.

Diamond, J. 1980. The ethology of teaching: A perspective from the observations of families in science museums. PhD diss.,

University of California, Berkeley.

——. 1982. Ethology in museums: Understanding the learning process. *Roundtable Reports* 7(4):13-15.

——. 1986. The behavior of family groups in science museums. *Curator: The Museum Journal* 29(2):139-154.

——. 1991. Prototyping interactive exhibits on rocks and minerals. *Curator: The Museum Journal* 34(1):5-17.

——. 1996. Playing and learning. *ASTC Newsletter* 24(4):2-6.

Diamond, J., & Bond, A. 1999. *Kea, bird of paradox: The evolution and behavior of a New Zealand parrot*. Berkeley: University of California Press.

——. 2013. *Concealing coloration in animals*. Cambridge: Belnap/Harvard University Press.

Diamond, J., & Evans, E. M. 2007. Museums teach evolution. *Evolution* 61:1500-1506.

Diamond, J., Evans, E. M., & Spiegel, A. 2012 Walking whales and singing flies: An evolution exhibit and assessment of its impact. In *Evolution challenges: integrating research and practice*. Rosengren, K. R., et. al. (eds.). Oxford: Oxford University Press.

Diamond, J., Hochman, G., Gardner, S., & Schenker, B. 1996. Multimedia science kits: Museum project on the research of women scientists. *Curator* 39:172-187.

Diamond, J., Smith, A., & Bond, A. 1988. California Academy of Sciences Discovery Room. *Curator: The Museum Journal* 31(3): 157-166.

Diamond, J., St. John, M., Cleary, B., & Librero, D. 1987. The Exploratorium's Explainer Program: The long-term impacts on teenagers of teaching science to the public. *Science Education* 71(5):643-656.

Diamond, J., Zimmer, C., Evans, E. M., Allison, L., & Disbrow, S. 2005. *Virus and the Whale: Exploring Evolution in Creatures Small and Large*. Arlington, VA: National Science Teachers Association Press.

Dierking, L. D. 1987. Parent-Child interactions in free-choice learning settings: An examination of attention-directing behaviors. *Dissertation Abstracts International* 49(4):778A.

Dierking, L. D., & Pollock, W. 1998. *Questioning assumptions: An introduction to front-end studies in museums*. Washington, DC: Association of Science and Technology Centers.

Dienes, Z., & Berry, D. 1997. Implicit learning: Below the subjective threshold. *Psychonomic Bulletin and Review* (1):3-23.

Dillman, D. A., Smyth, J. D., & Christian, L. M. 2014. *Internet, phone, mail, and mixed-mode surveys: The tailored design method*. 4th ed. New York: John Wiley & Sons.

Ellenbogen, K., Luke, J. J., & Dierking, L. D. 2004. Family learning research in museums: An emerging disciplinary matrix? *Science Education* 88(S1):S48-S58.

Evans, E. M. 2000. The emergence of beliefs about the origins of species in school-age children. *Merrill-Palmer Quarterly* 46(2):221-254.

——. 2005. Teaching and learning about evolution. In *Virus and the whale: Exploring evolution in creatures small and large*, ed., J. Diamond et al., 25 - 37. Arlington, VA:

National Science Teachers Association Press.

Evans, E. M., Spiegel, A., Gram, W., Frazier, B. F., Thompson, S., Tare, M., & Diamond, J. 2009. A conceptual guide to museum visitors' understanding of evolution. *Journal of Science Teaching* 47(3):326-353.

Evans, E. M., Spiegel, A., Gram, W., & Diamond, J. 2009. Integrating developmental and free-choice learning frameworks to investigate conceptual change in visitor understanding. VSA Articles, Center for the Advancement of Informal Science Education, *BriefCAISE* January/February, Issue 5, available at http://caise.insci.org/news/62/51/briefCAISE---Jan-Feb-2009-Issue-5.

Falk, J. H. 1983. Time and behavior as predictors of learning. *Science Education* 67(2):267-276.

——, ed. 2001. *Free-choice science education*. New York: Teachers College Press.

——.2004. The director's cut: Toward an improved understanding of learning from museums. *Science Education* 88 (1): S83-S96.

——. 2006. The impact of visit motivation on learning: Using identity as a construct to understand the visitor experience. *Curator: The Museum Journal* 49(2): 151-166.

Falk, J. H., & Dierking, L. D. 1992. *The museum experience*. Washington, DC: Whalesback Books.

Falk, J. H., & Holland, D. G. 1991. *Summative evaluation of "Circa 1492: Art in the age of discovery" National Gallery of Art*. Annapolis, MD: Science Learning, Inc.

Fallik, O., Rosenfeld, S., & Eylon, B. 2013. School and out-ofschool science: a model for bridging the gap. *Studies in Science Education* 49:69-91.

Feher, E. 1990. Interactive museum exhibits as tools for learning: Explorations with light. *International Journal of Science Education* 12(1):35-49.

Feher, E., & Meyer, K. R. 1992. Children's conceptions of color. *Journal of Research in Science Teaching* 29(5):505-520.

Feher, E., & Rice, K. 1985. Development of scientific concepts through the use of interactive exhibits in a museum. *Curator: The Museum Journal* 28(1):35-46.

Fischer, D. K. 1997. Visitor panels: In-house evaluation of exhibit interpretation. In *Visitor studies: Theory, research and practice*. Vol. 9, ed. M. Willis and R. Loomis, 51-62. Jacksonville, FL: Visitor Studies Association.

Flagg, B. N. 1990. *Formative evaluation for educational technologies*. Hillsdale, NJ: Lawrence Erlbaum Associates.

Foutz, S., & Koke, J. 2007. *Community science learning through youth astronomy apprenticeships: MIT Kavli Institute of Education and Public Outreach — Formative evaluation*. Technical evaluation report. Edgewater, MD: Institute for Learning Innovation.

Friedman, A., ed. 2008. *Framework for evaluating impacts of informal science education projects*. Available at http://informalscience.org/documents/Eval_Frame-work.pdf.

Frierson, H. T., Hood, S., & Hughes, G. B. 2002. *The 2002 user friendly handbook for project evaluation*. Arlington, VA: National Science Foundation.

Gallistel, C. R. 1990. *The organization of learning*. Cambridge:

MIT Press.

Griggs, S. A., & Manning, J. 1983. The predictive validity of formative evaluation of exhibits. *Museum Studies Journal* 1(1):31-41.

Hofstein, A., & Rosenfeld, S. 1996. Bridging the gap between formal and informal science learning. *Studies in Science Education* 28:87-112.

Hood, M. G., & Roberts, L. C. 1994. Neither too young nor too old: A comparison of visitor characteristics. *Curator: The Museum Journal* 37(1):36-45.

Hooper-Greenhill, E. 1994. *Museums and their visitors*. London: Routledge.

Horn, M. S., Crouser, R. J., & Bers, M. U. 2012. Tangible interaction and learning: the case for a hybrid approach. *Personal and Ubiquitous Computing* 16(4):379-389.

Jee, B., Uttal, D., Spiegel, A., & Diamond, J. 2015. Expert-novice differences in mental models of viruses, vaccines, and the causes of infectious disease. *Public Understanding of Science* 24(2):241-256.

Jolly, E. J. 2002. On the quest for cultural context in evaluation: Non ceteris paribus. Paper presented at a National Science Foundation Directorate for Education and Human Resources workshop, Arlington, VA, April 25-26, 2002.

Klein, M. 1981. Recall versus recognition. In *Activities handbook for the teaching of psychology*, ed. L. T. Benjamin Jr. and K. D. Lowman, 79-80. Washington, DC: American Psychological Association.

Koepfler, J. A., Heimlich, J. E., & Yocco, V. S. 2010. Communicating

Climate Change to Visitors of Informal Science Environments. *Applied Environmental Education and Communication* 9(4):233-242.

Korn, R. 1995. An analysis of differences between visitors at natural history museums and science centers. *Curator: The Museum Journal* 38(3): 150-160.

Kosslyn, S. M. 2006. *Graph design for the eye and mind*. Oxford: Oxford University Press.

Kosslyn, S. M., Heldmeyer, K. H., & Locklear, E. P. 1980. Children's drawings as data about their internal representations. *Journal of Experimental Child Psychology* 23:191-211.

Kubota, C. A., & Olstad, R. G. 1991. Effects of novelty-reducing preparation on exploratory behavior and cognitive learning in a science museum setting. *Journal of Research in Science Teaching* 28(3):225-234.

Larkin, J. 1989. Display-based problem solving. In *21st century Carnegie-Mellon symposium on cognition, complex information processing: The impact of Herbert A. Simon*, ed. Klahr, D., & Kotovsky, K., 319-341. Hillsdale, NJ: Lawrence Erlbaum.

Larkin, J., & Rainard. B. 1984. A research methodology for studying how people think. *Journal of Research in Science Teaching* 21(3):235-254.

Lazlo, E., Artigiani, R., Combs, A., & Csányi, V. 1996. *Changing visions, human cognitive maps: Past, present, and future*. Westport, CO: Praeger.

Lee, S. A., Bumbacher, E., Chung, A. M., Cira, N., Walker, B., Park, J. Y., ... & Riedel-Kruse, I. H. 2015, April.

Trap it!: A Playful Human-Biology Interaction for a Museum Installation. In *Proceedings of the 33rd Annual ACM Conference on Human Factors in Computing Systems* (pp. 2593-2602). ACM.

Leinhardt, G., Crowley, K., & Knutson, K. eds. 2002. *Learning conversations in museums*. Mahwah, NJ: Lawrence Erlbaum.

Loftus, E. F., Levidow, B., & Duensing, S. 1992. Who remembers best? Individual differences in memory for events that occurred in a science museum. *Applied Cognitive Psychology* 6:93-107.

Lorenz, K. Z. 1950. The comparative method in studying innate behavior patterns. *Symposia of the Society for Experimental Biology* 4:221-268.

Louw, M., & Crowley, K. 2013. New ways of looking and learning in natural history museums: The use of gigapixel imaging to bring science and publics together. *Curator: The Museum Journal* 56(1):87-104.

Lucas, A. M., & McManus, P. 1986. Investigating learning from informal sources: Listening to conversations and observing play in science museums. *European Journal of Science Education* 8(4):342-352.

Luke, J. J., Stein, J., Kessler, C., & Dierking, L. D. 2007. Making a difference in the lives of youth: Mapping success with the "Six Cs." *Curator: The Museum Journal* 50(4): 417-434.

Luke, J. J., Wadman, M. E., Dierking, L. D., Jones, M. C., & Falk, J. H. 2002. *Summative evaluation of the BoneZone exhibition at The Children's Museum of Indianapolis*.

Technical research report. Annapolis, MD: Institute for Learning Innovation.

Lyons, L., Tissenbaum, M., Berland, M., Eydt, R., Wielgus, L., & Mechtley, A. 2015, June. Designing visible engineering: supporting tinkering performances in museums. In *Proceedings of the 14th International Conference on Interaction Design and Children* (pp. 49-58). ACM.

Ma, J., Liao, I., Ma, K. L., & Frazier, J. 2012. Living liquid: Design and evaluation of an exploratory visualization tool for museum visitors. *IEEE Transactions on Visualization and Computer Graphics* 18(12):2799-2808.

Ma, J., Sindorf, L., Liao, I., & Frazier, J. 2015, January. Using a Tangible Versus a Multi-touch Graphical User Interface to Support Data Exploration at a Museum Exhibit. In *Proceedings of the Ninth International Conference on Tangible, Embedded, and Embodied Interaction* (pp. 33-40). ACM.

Martin, P., & Bateson, P. 2007. *Measuring behavior: An introductory guide*. 3rd ed. Cambridge: Cambridge University Press.

McLean, K. 1993. *Planning for people in museum exhibitions* Washington, DC: Association of Science and Technology Centers.

McManus, P. M. 1987. It's the company you keep ... The social determination of learning-related behaviour in a science museum. *The International Journal of Museum Management and Curatorship* 6:263-270.

——. 1993. Memories as indicators of the impact of museum

visits. *Museum Management and Curatorship* 12:367–380.

——. 1989a. Oh yes, they do: How museum visitors read labels and interact with exhibit texts. *Curator: The Museum Journal* 32(3): 174–189.

——. 1989b. What research says about learning in science museums: Watch your language! People do read labels. *ASTC Newsletter* 17(3):5–6.

Melton, A. W. 1933. *Problems of installation in museums of art*. Washington, DC: American Association of Museums.

——. 1935. Studies of installation at the Pennsylvania Museum of Art. *Museum News* 12:5–8.

Miles, R. S., Alt, M. B., Gosling, D. C., Lewis, B. N., & Tout. A. F. 1988. *The design of educational exhibits*. London: Unwin Hyman.

Miles, M. B., Huberman, A. M., & Saldaña. 2013. *Qualitative data analysis: A methods sourcebook*. 3rd ed. Thousand Oaks, CA: Sage Publications.

Museum Management Consultants, Inc., & Polaris Research and Development. 1994. *Bay Area Research Project: A multicultural audience study for Bay Area museums*. 2 vols. San Francisco: Bay Area Research Project Consortium.

National Research Council. 2009. *Learning science in informal environments: People, places, and pursuits*. Committee on Learning Science in Informal Environments, ed. P. Bell, B. Lewenstein, A. W. Shouse, & M. A. Feder, Division of Behavioral and Social Sciences and Education. Washington, DC: The National Academies Press.

National Science Foundation. 2000. *The cultural context of educational evaluation: The role of minority evaluation professionals*. Arlington, VA: National Science Foundation.

——. 2002. *The cultural context of educational evaluation: A Native American perspective*. Arlington, VA: National Science Foundation.

——. 2010. *The 2010 User-Friendly Handbook for Project Evaluation*. Arlington, VA: National Science Foundation.

Novak, J. 1977. *A theory of education*. Ithaca: Cornell University Press.

Oppenheimer, F. 1972. The Exploratorium: A playful museum combines perception and art in science education. *American Journal of Physics* 40:978-984.

——. 1980. Adult play. *The Exploratorium Magazine* 3(6): 1-3.

——. 1986. *Working prototypes*. San Francisco: The Exploratorium.

Oppenheimer, F., & Cole, K. C. 1974. The Exploratorium: A participatory museum. *Prospects* 4(1): 1-10.

Paris, S. G., ed. 2002. *Perspectives on object-centered learning in museums*. Mahwah, NJ: Lawrence Erlbaum Associates.

Patton, M. Q. 1987. *How to use qualitative methods in evaluation*. Newbury Park, CA: Sage Publications, Inc.

——. 1990. *Qualitative evaluation and research methods*. 2nd ed. Newbury Park, CA: Sage Publications, Inc.

——. 2008. *Utilization-focused Evaluation*. 4th ed. Thousand Oaks, CA: Sage Publications, Inc.

Piaget, J. 1973. *To understand is to invent: The future of education*. New York: Penguin Books.

Piaget, J., & Inhelder, B. 1969. *The psychology of the child*.

New York: Basic Books.

Pick, H. L., Jr. 1993. Organization of spatial knowledge in children. In *Spatial representation*, ed. N. Eilan, R. McCarthy, and B. Brewer, 31-42. Oxford: Blackwell.

Reif, F., & Larkin, J. H. 1991. Cognition in scientific and everyday domains: Comparison and learning implications. *Journal of Research in Science Teaching* 28(9):733-760.

Roberts, J., Lyons, L., Cafaro, F., & Eydt, R. 2014, June. Interpreting data from within: supporting human-data interaction in museum exhibits through perspective taking. In *Proceedings of the 2014 conference on interaction design and children* (pp. 7-16). ACM.

Robinson, E. S. 1931. Exit the typical museum visitor. *Journal of Adult Education* 3(4):418-423.

Robinson, E. S., Sherman, I. C., & Curry, L. E. 1928. *The behaviour of museum visitors. New Series* 5. Washington, DC: American Association of Museums.

Roediger, H. L. 1990. Implicit memory: Retention without remembering. *American Psychologist* 45(9): 1043-1056.

Roschelle, J. 1995. Learning in interactive environments: Prior knowledge and new experience. In *Public institutions for personal learning*, ed. J. H. Falk and L. D. Dierking, 37-51. Washington, DC: American Association of Museums.

Rosenfeld, S. 1982. A naturalistic study of visitors at an interactive mini-zoo. *Curator: The Museum Journal* 25(3): 187-212.

Salant, P., & Dillman, D. A. 1994. *How to conduct your own survey*. New York: John Wiley & Sons, Inc.

Semper, R. J. 1990. Science museums as environments for learning. *Physics Today* 43(11):50-56.

SenGupta, S., Hopson, R., & Thompson-Robinson, M. 2004. Cultural competence in evaluation: An overview. In *In search of cultural competence in evaluation: Toward principles and practices*. Vol. 102 of *New Directions for Evaluation*, ed. M. Thompson-Robinson, R. Hopson, & S. SenGupta, 5-18. San Francisco: Jossey-Bass.

Serrell, B. 1977. Survey of visitor attitude and awareness at an aquarium. *Curator: The Museum Journal* 20(1):48-52.

——. 1997. Paying attention: The duration and allocation of visitors' time in museum exhibitions. *Curator: The Museum Journal* 40(2): 108-125.

Simon, N. 2010. *The participatory museum*. Santa Cruz, California: Museum 2.0.

Singer, D. G., & Golinkoff, R. M. 2006. *Play = learning: How play motivates and enhances children's cognitive and social emotional growth*. Oxford: Oxford University Press.

Smithsonian Institution. 1979. *An abstract of the proceedings of the Museum Evaluation Conference, June 23 - 24, 1977*. Washington, DC: Smithsonian Institution Office of Museum Programs.

Snibbe, S. S., & Raffle, H. S. 2009, April. Social immersive media: pursuing best practices for multi-user interactive camera/projector exhibits. In *Proceedings of the SIGCHI Conference on Human Factors in Computing Systems* (pp. 1447-1456). ACM.

Spiegel, A. N., Evans, E. M., Frazier, B., Hazel, A., Tare,

M., Gram, W., & Diamond, J. 2012. Changing museum visitors' conceptions of evolution. *Evolution Education & Outreach* 5:43-61.

Spiegel, A. N., McQuillan, J., Halpin, P., Matuk, C., & Diamond, J. 2013. Engaging teenagers with science through comics. *Research in Science Education* 43(6): 2309-2326.

Spiegel, A. N., Rockwell, S. K., Acklie, D. S., Frerichs, S. W., French, K., & Diamond, J. 2005. Wonderwise 4-H: Following in the footsteps of women scientists. *Journal of Extension* [On-line] 43(4), Article 4FEA3.

Spock, M. 1988. What's going on here: Exploring some of the more elusive, subtle signs of science learning. In *Science learning in the informal setting: Symposium proceedings*, ed. P. G. Heltne and L. A. Marquardt, 254-261. Chicago: The Chicago Academy of Sciences.

Storksdieck, M., & Falk, J. H., 2005. Using the contextual model of learning to understand visitor learning from a science center exhibition. *Science Education* 89(5):744-778.

Sudman, S., Bradburn, N., & Schwartz, N. 1996. *Thinking about answers: The application of cognitive processes to survey methodology*. San Francisco: Jossey-Bass.

Tare, M., French, J., Frazier, B. N., Diamond, J., & Evans, E. M. 2011. The importance of explanation: Parents' scaffold children's learning at an evolution exhibition. *Science Education* 95:720-744.

Taylor, S., ed. 1991. *Try it! Improving exhibits through formative evaluation*. Washington, DC: Association of Science and Technology Centers.

Tourangeau, R., Rips, L. J., & Rasinski, K. 2000. *The psychology of survey response*. New York: Cambridge University Press.

Tufte, E. R. 1983. *The visual display of quantitative information*. Cheshire, CT: Graphics Press.

——. 1997. *Visual explanations*. Cheshire, CT: Graphics Press.

Tulving, E., & Schacter, D. L. 1990. Priming and human memory systems. *Science* 247(4940):301-306.

Tukey, J. W. 1977. *EDA: Exploratory data analysis*. Readings, MA: Addison-Wesley.

University of Nebraska-Lincoln Institutional Review Board. 2015. *University of Nebraska-Lincoln Human Research Protections Policies and Procedures*. Lincoln: University of Nebraska.

W. K. Kellogg Foundation. 2004. Logic model development guide. Available at http://www.smartgivers.org/uploads/logicmodelguidepdf.pdf.

Yalowitz, S., & Tomulonis, J. 2004. Jellies: Living art. Summative evaluation.

Yoder, P., & Symons, F. 2010. *Observational measurement of behavior*. New York: Springer Publishing Co.

Yoon, S., Elinich, K., Wang, J., Steinmeier, C., & Tucker, S. 2012. Using augmented reality and knowledge-building scaffolds to improve learning in a science museum. *International Journal of Computer-Supported Collaborative Learning* 7(4): 519-541. doi:10.1007/s11412012-9156-x.

Zimmerman, H. T., Reeve, S., & Bell, P. 2010. Family sense-making practices in science center conversations. *Science Education* 94(3):478-505.

**图书在版编目(CIP)数据**

实用评估指南:博物馆和其他非正式教育环境的评估工具:第三版/(美)朱迪·戴蒙德,迈克尔·霍恩,大卫·尤塔尔著;邱文佳译.—上海:复旦大学出版社,2022.10
(世界博物馆最新发展译丛/宋娴主编.第二辑)
书名原文:Practical Evaluation Guide:Tools for Museums and Other Informal Educational Settings (third edition)
ISBN 978-7-309-16272-1

Ⅰ.①实… Ⅱ.①朱… ②邱… Ⅲ.①博物馆-社会教育-教育环境-研究 Ⅳ.①G266

中国版本图书馆 CIP 数据核字(2022)第 123034 号



**实用评估指南:博物馆和其他非正式教育环境的评估工具(第三版)**
[美] 朱迪·戴蒙德　迈克尔·霍恩　大卫·尤塔尔　著
邱文佳　译
责任编辑/宋启立

复旦大学出版社有限公司出版发行
上海市国权路 579 号　邮编: 200433
网址: fupnet@fudanpress.com　http://www.fudanpress.com
门市零售: 86-21-65102580　团体订购: 86-21-65104505
出版部电话: 86-21-65642845
上海盛通时代印刷有限公司

开本 890×1240　1/32　印张 5.375　字数 120 千
2022 年 10 月第 1 版
2022 年 10 月第 1 版第 1 次印刷

ISBN 978-7-309-16272-1/G·2382
定价: 42.00 元